U0595581

当时稳住就好了

掌控情绪“五步法”，一起戒掉坏情绪

[美] 伯克（R.W.BURKE） 著
刘安琪 译

天津出版传媒集团
天津科学技术出版社

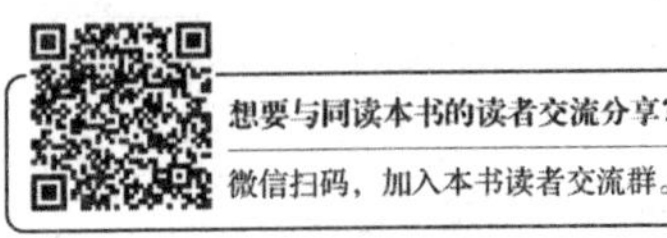

著作权合同登记号　图字：02-2020-284

QUIET THE RAGE: HOW LEARNING TO MANAGE CONFLICT WILL CHANGE YOUR LIFE (and the world) By R.W. BURKE, MBA, CPC
Copyright: © 2017 R.W. BURKE
This edition arranged with SparkPoint Studio, LLC Through BIG APPLE AGENCY, INC., LABUAN, MALAYSIA.
Simplified Chinese edition copyright:
2021 by Beijing Mediatime Books CO.,LTD.
All rights reserved.

图书在版编目（CIP）数据

当时稳住就好了：掌控情绪“五步法”，一起戒掉坏情绪 /（美）伯克 (R. W. BURKE) 著；刘安琪译 . -- 天津：天津科学技术出版社，2021.5

书名原文：QUIET THE RAGE: HOW LEARNING TO MANAGE CONFLICT WILL CHANGE YOUR LIFE（and the world）

ISBN 978-7-5576-8722-9

Ⅰ . ①当… Ⅱ . ①伯… ②刘… Ⅲ . ①情绪－自我控制－通俗读物 Ⅳ . ① B842.6-49

中国版本图书馆 CIP 数据核字 (2021) 第 044332 号

当时稳住就好了：掌控情绪“五步法”，一起戒掉坏情绪
DANGSHI WENZHU JIUHAOLE:ZHANGKONG QINGXU “WU BU FA”, YIQI JIEDIAO HUAIQINGXU

责任编辑：刘　颖

出　　版：天津出版传媒集团 / 天津科学技术出版社
地　　址：天津市西康路 35 号
邮　　编：300051
电　　话：（022）23332372
网　　址：www.tjkjcbs.com.cn
发　　行：新华书店经销
印　　刷：唐山富达印务有限公司

开本 880×1230　1/32　印张 8　字数 165900
2021 年 5 月第 1 版第 1 次印刷
定价：56.00 元

《当时稳住就好了》书评

“本书带有强烈的个人色彩，并展现了人性脆弱的一面。作者慷慨地分享了人生中的重要一课。本书能够引起读者共鸣，并有可能改变读者的一生。”

——赛斯 · 高汀（Seth Godin）
《关键》（*Linchpin*）和《伊卡洛斯骗局》（*The Icarus Deception*）作者

“本书中伯克对于如何管理冲突分享了他的智慧和见解。阅读本书，你将会拥有一个平和的人生！”

——马歇尔 · 古德史密斯（Marshall Goldsmith）
国际畅销书作家和编辑，出版书籍达 35 本，
包括《今天不必以往：成功人士如何获得更大成功》（*What Got You Here Won't Get You There*）和《自律力》（*Triggers*）

“多么诚实、脆弱而又不可思议的旅程！伯克的写作风格清晰而又简洁，总是‘砰’地一下击中内心！我需要将这本书多读几遍。”

——琳达 · 格思里（Linda Guthrie）
福特汽车公司消费者体验运动教练

“我花了不少工夫来应对愤怒，却均以失败告终。本书提供的信息就像填补之前缺失的环节。现在，我更能理解为什么自己会困于某些情境中。我有了一个更好的工具来处理愤怒，甚至可以完全避免它。”

——菲尔 · 克莱因（Phil Klein）
通用汽车公司卓越标准项目、莫里茨绩效改进分公司负责人

“这本书非常值得一读！这本书将会改变你的人生。”

——鲍勃 · 埃斯波西托（Bob Esposito）
扬基汽车集团经销商负责人、总经理

“每个人都应该读读这本书……尤其是像我一样处在焦虑中的人。本书教会人们如何掌控生活，而不是被生活的浪潮淹没。”

——珍妮弗 · 罗伯茨（Jennifer Roberts）
日内瓦谷福特公司销售经理

“无论是从专业的角度，还是个人情感的角度，这本书都彻底改变了我看待与人交往的方式。”

——贾森 · 斯坦德利（Jason Standley）
罗 · 奥伯恩 / 罗 · 韦斯特布鲁克公司
业务发展中心经理

“这个世界需要更多懂得如何管理冲突的人。如果每个人都能够理解他们的愤怒是如何被激起的，那么当今社会的许多问

题都可以得到解决。借用卡通人物波戈的一句话：‘我遇到了一个敌人，那就是我’。每个人，即使是那些不担心愤怒的人，都应该读读这本书。”

——琳达·米切尔（Linda Mithell）
《选择改变，在改变选择你之前！十三周，你将爱上你的生活！》
（*Choose Change,Before Change Chooses You! Thirteen Weeks To The Life You'll Love!*）作者

致我的妻子，你曾多次，并且一直在拯救我的生命。

很抱歉，这些年来，我本应该做得更好！

序

理查德·伯克撰写的这本书充满了精彩的故事和真知灼见。这些故事和见解以这样或那样的方式，从侧面引导我们穿过一条布满荆棘的改变之路。

本书的章节字斟句酌，饱含着洞察力和自省，有时甚至带着一丝谦逊。阅读这些章节，我不禁想起这些年来别人教会我或者与我分享过的关于改变的故事。

“故事”这个词所表达的——存储东西。尽管很少有人想到这一点。

事实上，早在文字被发明以前，人们就已经创造出故事来保存信息。这些信息能够指导我们完成一个叫作“生活”的复杂项目。

这些故事已经延续了几个世纪，通过口口相传流传至今；为了保护故事当中珍贵的见解，并从总体上为下一代打下良好的基础，人们一代又一代地分享、学习和传诵这些故事的内容。因此，这些故事往往被当成是儿童教育故事。

在本书的开篇章节，理查德分享了给他带来一些困惑的工作。几年前，他接受了这个工作，于是被贴上了“教练”的标签。这个角色实际上让他得以接触很多人的“故事”。

英文中“coach”（教练）一词最早被一个叫作“ carriage of Kocs”（〈马车〉科威特石油公司）的公司发明，这个词来源于法国中部的“coche”，德国的“kotsche”和匈牙利的“kocsi”。这些单词本质上都是“马车”的意思。虽然今天我们更多地用这个词来表示“帮助别人准备好”，但从更诗意的层面来说，“马车”一词也十分准确。因为，一名优秀的教练能够在别人的背后提供很多支持。这当然是本书的使命之一——以结构化的，甚至是看不见的方式支持人们，帮助人们跨越生活所带来的各种困境。

然而，本书的重点，是改变。

仅仅是产生这种想法就拥有了魔力，更不用说亲身体验了。

在成为一名教练的过程中，你会不可避免地发现自己在挖掘过往的人生，回忆和清理那些仍留在我们身边的故事，被那些极端的情感所锁定，而最后却能够找到用来理解人生之旅所需的天赋、才能和资源。我们或多或少都曾在对人生扭曲的叙述中隐藏或丢失了那些天赋和资源。

我不禁想起了一个非常古老的故事——《瓶中之灵》。这个故事源自古老的欧洲。一个樵夫的儿子在森林里闲逛，在一棵老橡树下面发现了一个深埋在树根下的玻璃瓶。玻璃瓶里面有一个声音在呐喊着：“放我出去……”

在小男孩刚拔掉瓶塞之后，瓶子里突然钻出了一个巨大的精灵。精灵非但没有感激这个小男孩，反而要掐死小男孩，只因为精灵被困得太久，极度愤怒。

小男孩很聪明，将精灵骗回瓶子中。然后，他与精灵重新协商释放精灵的条件。

最终，小男孩又一次释放了精灵。这次，小男孩得到一块布作为礼物。这块布非常神奇：用布的一面擦拭物体，能将物体变成银子；用另一面擦拭伤口，能够让伤口愈合，治愈疾病。

想必大家都对这个精灵很熟悉了，因为它在英文中被称为Genie（精灵）。

Genie是一个非常古老的北非词语，也是英文中“天才”一词的来源。

每个人心中都困着一个天才。在年复一年的“囚禁”中，心中的天才变得疲惫且愤怒。这不只是智商超过160的人才会遇到的问题。

在健康的生活中，我们会很早就被要求讲述正确的故事，并被建议去找寻内心的天才。更重要的是，我们要寻找天才所拥有的天赋，例如将毫无价值的东西转化为有价值的东西，以及治愈我们周围的人。

而实际上，当我们处于童年发展期的时候，很少有人真正告诉我们这些故事。因此内心的精灵只好等到我们长大成人，直到最终在愤怒中找到出路。那时，它已经变得硕大无比了——“大到以至于无法承受”。

在这个世界上，“教练”存在的意义就是帮助我们找到内心中被困住的精灵，巧妙地帮助我们控制它，并让它发挥作用，甚至回赠我们礼物，因为它一直等待着要把礼物送给这个世界。

实际上，这就是理查德·伯克的故事。他把这些故事拆分成有条理的、通俗易懂的片段，让读者能够识别、理解和应用，以便让我们向这个世界展现出最好的自我。

约翰·库扎瓦
——体验交流有限责任公司参与策略全球总监

前言

我丈夫的《当时稳住就好了》的许多读者都真诚地赞扬了这本书的真实，以及它如何独特地描述和总结了管理冲突的步骤。然而，对于这些文字，我个人的反应要强烈得多。书中的每一行字都呈现了我先生生活中的优点、缺点，甚至是丑陋的一面；提醒着我自己已经与他共同生活了三十年。他用文字清楚地描述了失控导致的冲突给他和我带来的恐惧。尽管这本书的某些部分在过去和现在读起来都令我很痛苦，但这些内容已经成为我个人在冲突管理道路上不可或缺的一部分。正如有人曾经说过："最好的道歉是在行为上做出改变。"这正是我想要的。

丹尼丝 · 伯克

目录 CONTENTS

上篇 ○● 是什么让我们的情绪经常失控

下篇 ○● “五步法”平息愤怒掌控情绪

是什么让我们的情绪经常失控

第一章 反思：为什么我们会愤怒？

> “如果你想让世界变得更美好，那就
> 看看你自己，然后做出改变。”
>
> ——《镜中人》，迈克尔·杰克逊[1]

曾有一段时间，我觉得自己的生活陷入了无休无止的争吵：要么是和为我工作的人争吵；要么是和我的老板、客户争吵；要么是在结束了一天十四个小时的工作后与我的妻子争吵。我做着一份吃力不讨好的工作，过着吃力不讨好的生活。最糟糕的是，我无法保持住一份工作，同时我的太太承认，她和儿子都怕我，因为我的脾气一点就炸。突然有一天，我遇到了一个

① 迈克尔·杰克逊（1958.8—2009.6）美国著名歌手、词曲创作人、舞蹈家、表演家、音乐家、人道主义者、和平主义者、慈善机构创办人。——译者注

改变了一切的机会。或许是因缘际会，或者在某种意义上，是冥冥之中——我需要体验的场景，恰好在我需要的时刻，呈现在我的面前。

从那个关键时刻起，在过去的几年中，我与他人交往的能力提高了十倍。我已经能够从根本上消除生活中的冲突——严重困扰我多年的冲突——仅仅通过将不同的信息源综合成一种循序渐进的方式。我相信正是这种方法让我治愈了自己。现在，无论是我的工作，还是我的生活，都拥有平静和安宁。我的工作目标明确，能够给人回报和满足感。我能够发挥自己的作用，感到很幸运。

我到底有哪些改变？我学会了如何成功地处理冲突。其实，任何人都可以做到这一点。管理冲突是一项可以学习的技能。它不像火箭科学一样深奥难懂，它非常简单——尽管简单，却不容易做到。

管理冲突始于了解自己和他人的价值观。所有的人类行为都是这些个人价值观的体现。当有人觉得自己的价值观受到了冒犯，或者感觉有人将其价值观强加于自己之上时，冲突就会产生。某些场景会比较容易触犯某些个人价值观。为了有效管理这些“愤怒”场景，我们首先必须能够识别它们。当人们遇到违背他们价值观的情景时，就会产生情绪。情绪是驱动行为的能量，或者说是燃料。在冲突的情况下，它会引发情绪反应。

这种情绪之所以存在，是因为我们面对的是其他人的行为，他们的行为挑战了我们的世界观、我们的坚定信念，挑战了我们深信不疑的事情……即使我们所相信的与实际情况并不相同。

情绪存在的另外一个原因是他人的行为挑战了关于我们是谁或者我们认为自己是谁的观点。人们倾向于把这种行为解释为有预谋的：蓄意冒犯。在人类社会中，我们都希望他人以某种特定的方式行事，希望他人的行为符合我们想象中存在的社会框架，这个框架规定了界限和许可。

当别人的行为不符合我们对该行为的期望时，我们就想要改变它，有时这种改变会带有强迫的性质。随之而来的情绪要么被压制，要么被释放。当情绪被抑制时，我们退缩，我们停止交流，感到无助和无能为力。当情绪被释放时，我们激烈地抨击他人，变得愤怒和好斗，攻击性极强。人的情绪反应会产生赢家（抨击他人的人）和输家（退缩的人）。当我们产生情绪反应时，我们就不再是最好的自己，也不会产生最好的结果。因此，挑战就在于看清他人行为的本质：他们只是在尊重自己的价值观。他人的行为与他们自己有关；而我们对他人行为的反应，只与我们自己有关。这些简单的认知是中断情绪反应、创造必要空间将负面情绪反应转化为有益反应的关键。这将导致整个互动过程由负面向正面翻转。

从（许多）痛苦的经历中我得到一个教训，有时我们的行为会给别人带来我们并不希望发生的后果。我对此感到内疚。然而，最令人痛苦的是，人生冲突的根源在于我自己。只有当我不再责备自己和他人，当我能够掌控自己与环境的互动方式，当我提高自我意识，发展他人意识，当我不再成为冲突的根源时——所有的冲突才会消失。

当我意识到自己是生命中所有冲突的根源那一刻，我开始心惊肉跳、头痛欲裂。这也是一切都开始改变的一刻。虽然我当时并没有意识到这一点，但我花费了大量时间解决一个“超级难搞的问题无法掌控”。当那些想解决问题的人同时也是问题制造者时，一个超级难搞的问题就出现了。对我来说，当我意识到我所经历的冲突都是自己造成的时,我就“顿悟”了。因此，与其环顾四周观察他人，不如对着镜子，审视自己。

我们将共同完成这个直面内心的过程，深入研究五大步骤当中的每个步骤。

“宣布价值观范围，杜绝他人冒犯”这一章节主要定义个体价值及价值驱动行为。评估价值是学习管理冲突的第一步。“提前识别危机状况，做好预防措施”这一章节着重识别倾向于违背个人价值观的状况。识别这些状况是学习管理冲突的第二步，也是有效管理“危机”状况的关键。“避免他人行为引发情绪过激反应”这一章节重点讲述我们的默认反应模式。了解我们的反应风格是学习管理冲突的第三步。当我们想要为自己的行为负责时，就有必要了解自己的反应方式。

“愤怒”这一节重点放在我自己身上，以及这些年来驱使我产生情绪反应的因素。我解释了愤怒是如何渗透在我的生活中，自我生存模式是如何快速转变成自我摧毁模式，以及强大的力量是如何变成致命弱点的。“最有效地杜绝冲突:中断情绪反应”这一章节讲述中断情绪反应的技巧。中断情绪反应是学习管理冲突的第四步。就中断本身来说，有两个层次的中断能力：第一个层次是靠蛮力达到的，即学习从身体上抑制由情绪引发的反应；第二个层次是当情绪本身已经消退时，通过消除与自认为的冒犯行为相关的感知意向来实现中断。有一些身体上的技巧，如深呼吸、从一数到十、散步，等等。但最终，你的大脑必须通过识别他人的价值观和其引发的行为之间的联系来中断情绪反应。

“精心设计自己的回应模式”这一章节重点在于将消极的情绪反应转化为积极的响应。将情绪反应转化为回应是学习管理冲突的第五步（也是最后一步）。这仍然会让我们成为赢家，但不再会以伤害他人为代价。“实现”这一节讨论了以上步骤更广泛的应用，使我们面对未来有更加平和的心态。

“准备”这一章节重点放在过去——促使我改变的动力和环境。“愤怒”这一章节讲述刺激因素：那些塑造了我自身、我的世界观、我的防御取向和持续不断的冲突的事件。我花了不小的篇幅讲述了我自己的故事。因为，在我的工作当中，那些奋力与冲突做斗争的人通常对我说：“你叙述的正是我的生活。”在某种程度上，倾听别人的故事能帮助他们更好地理解自己的故事。分享彼此的经历能够在我们之间形成一种纽带、一种亲近感；反之则不然。“现实”这一章讲述我过去的世界观。虽然我过去的世界观存在缺陷，但那种感觉影响了我的行为。和我一样，人们会因为自己与他人相处的能力（不够）而在个人生活和职业生涯中畏缩不前。有些工作我没能得到，有些工作我得到后又失去了，仅仅因为我无法和别人好好相处。

“理由”这一章节为我们提供了人们异常敏感的一个可能的解释，以及人似乎永远与冲突做斗争的原因。当人的生存反复面临危险时，很自然地就会回到自我生存模式。然而在大多数情况下，尽管实际的威胁已经消除很久，但人们往往继续保留着自我生存模式。这种方式会让他们感到安全，也会让他们觉得最舒服。但从真正意义上来讲，他们在不知不觉中陷入了困境。毫无疑问，陷入自我生存模式会引发无休止的冲突。“责任”这一章主要关注“超级难搞的问题无法掌控”：那些想要解决问题的人恰恰是制造问题的人。解决这个问题的唯一办法就是要了解一个人是如何参与这个问题的，然后中断参与过程 。“实现”这一章节重点解决看似棘手的问题。有些问题会扼杀理性，使理性论证失效，并且让每一个能够用来对抗它们的认知能力瘫痪。有些会引发毫无根据的论断，或者让情绪过度激动——例如，我被抛弃的事实。冲突以其最纯粹、最丑陋和最粗俗的形式存在，但却能够挑战和改变问题的本质，并通过挑战和改变我的视角和我自己而解决问题。

以上所述就是我所学会的消除冲突的方法。只有通过了解冲突，带着冲突生活，以及成为冲突的一部分，你才能真正珍惜和享受平和。我怀着同样的希冀，与你们分享我的故事。

第二章 准备：自我意识产生的抗拒心理

“我不害怕暴风雨，因为我在学习如何驾船航行。”

——路易莎 · 梅 · 奥尔科特[①]

46 岁那年，我受雇于一家全球汽车制造商的项目部。那时，我已经在汽车行业工作了二十五年。我已经取得会计学学士学位、工商管理硕士学位，而且正在研修商业智能高级研究生课程。在我的第一套名片上，我的职称是“教练”。我仍然保留着

① 路易莎·梅·奥尔科特（1832—1888），美国作家，代表作《小妇人》。——译者注

十年前为另一家全球汽车制造商的项目工作时留下的名片。那时我的职称是“负责人”。

有一些头衔是可以互换使用的，例如顾问、教练、培训师、负责人和导师。这些头衔有些令人怀疑，因为一个人被冠以这样或那样称号的资质，往往是由于他声称自己在该领域具有专业知识。就像法律一样，不管潜在的真相如何，论据的力量总是占据上风。许多实践者的普遍观点是，他们觉得自己有第一手经验，因此能够胜任该工作角色。而实际上任何专业机构或者有效的培训都能够提升他们在特定领域的实践能力。许多人都没有任何一种资格认证。有时是因为成本太高或缺乏时间，但大多数是因为过于自满。我羡慕那种性格的力量，那是我所不具备的。别人可以叫我医生、律师、工程师、营养师、运动生理学家或者培训指导，但这并不会真正让我成为这些角色。出于一种完全的不满足感，对于永不满足的追求，以及对于工作伙伴的责任感，我参加了一个教练资格认证项目。在我看来，这个项目可以将我的日常活动合法化，为我的工作提供一个背景，并消除与我工作效率有关的任何挑战。这纯粹是一场防守游戏。

经过大量研究以后（考虑到成本、地理位置复杂性、时间要求、相对严格程度和哲学一致性），我选择了国际教练联合会（International Coach Federation，简称ICF）下属的职业卓越教练协会（Institute for Professional Excellence in Coaching，简称IPEC）。同时，该协会具有区域附属机构，它们拥有执照，并获得授权，代表IPEC对教练进行培训和资格认证。考虑到地缘的临近性，我选择了新英格兰教练分部（New England Coaching），位于马萨诸塞州的马尔伯勒。

从开始到结束，这个项目持续了超过十个月的时间。口试必须安排在模块三完成的三十天后。在模块三结束后的一年内，我们需要上交毕业所需的所有书面作业、日志等，还得按照要求完成其他的东西。最终，我用了十八个月来完成这些任务，获得了职业教练资格证书。

项目中的任务非常具有挑战性，其中最重要的是适应和平衡工作量。其中一些学员（约 30 人）处于失业中，想要重新成为教练，但大多数学员已经开始全职工作了。在十个月课程的开始、中间和结尾，模块一、模块二和模块三分别被安排在周五、周六和周日，从早上 7 点到晚上 7 点。模块之间的时间间隔约为十二周。整个培训过程都穿插着同辈指导与实践。

在模块一结束不久后，我们就收到了第一个指导任务。每个人都被分配了一个学员，我们都需要对各自的学员每周指导一小时。同时，我们也被分配了一个教练。教练每周指导我们一小时。我们每个人都被分配到了一个同辈小组（Peer Group），每周参加一小时的电话会议，以期交换意见、互相支持、相互挑战，有时还会发泄情绪。此外，每周二的晚上，我们还需要参加九十分钟的远程课程，深入讨论成为教练所具备的能力。总而言之，每周四个半小时的实践和指导持续了十二周。这阶段结束以后，未来的教练们开始了模块二的训练，不断地与新分配的教练和学员一起参加每周的指导、被指导，以及远程课程。

在模块二中，根据关注点的不同，同辈小组的讨论变得更加具体，并组成了同辈特殊兴趣小组（Peer Special Interest Groups）。我们可以自由选择讨论的主题，包括生活指导、商业指导、人际关系指导、专业指导、转型指导、健康及养生指导、企业和高管指导等。小组中的同伴是之前模块课程中的同学，他们已经分散在全国各地，却又因为某一特殊兴趣选择再次聚到了一起。唯一的额外复杂性是要适应不同的时间表、地理因素和时差。

除了参加课程模块及完成 24 周中每周四个半小时的例行工作外，我们还要完成一些电子文档，主题包括“意向设定”“我的指导哲学”和“生活回顾”等，这些任务都是为了帮助我们提升自我意识。此外，我们还被要求指导真正意义上的付费客户，同时每个人也被指定一位特定的教练。他要将 3 个小时分成 6 个 30 分钟，间隔开来评估我们的指导能力。

对我来说，在教练生涯中最大的挑战不是提供答案，而是学会提问。我花了大半辈子的时间来经营企业，解决问题，将自己的价值建立在分析情况、找出业绩差距、制定解决方案，然后推动大家执行这些方案上。我的价值仅仅建立在解决这些问题的能力上面。然而，我很清楚那不是指导。事实上，那与指导恰恰相反。

作为专业人员，教练认为无论一个人在与什么做斗争，无论他们遇到什么问题，无论他们在生活中受到哪些局限，解决问题的办法就在于那个人自身。教练提出的任何解决方案都不会像学员自己提出的方案那样合适且令人满意。教练的作用是通过询问强而有力的问题，推动学员前进——从现在推向未来——让他们开始行动，将其自身与目标结合起来。询问强而有力的问题本身就是一门艺术。这可能听起来很容易，但做起来很难。尤其是我们当中的大多数人究其一生都只能够问出一些封闭式问题来获取信息,从而形成解决方案。习惯总是存在的，想要突破这些习惯就变得异常艰难。

我们咨询的主角就是前来寻求帮助的人。这关乎他们的经验、他们的解决措施、他们的议程，他们是“问题修复者”。作为一名“前咨询师”，我根据自己的修复能力来衡量效果。我的工作重点是“如何”做得更好、更快、与众不同、花费更少、更有效果，等等。同样，指导的主角是学员。这关乎他们的想法、意见、解决措施，并且只与他们自己有关。他们不想被“修复”——这个词意味着他们存在问题，他们是有缺陷的。那么，修复某人就意味着我们需要对他们做点事情。我们指导过程的重点在于要让他们“想要”治愈自己,而不是学习“如何”治愈。作为一名“前咨询师”，我经历了惨痛的教训——一个人知道如何做一件事并不重要，而是他想要做这件事。

所以，训练过程的开始、持续和结束，都伴随着强劲有力的问题：

- “你今天想关注什么？”
- “你希望今天的课程完成哪些内容？”
- “你想如何度过我们今天的时间？”

通过回答这些问题，学员提供了指引，为教练和他们自己铺平了前进的道路。

·“我很好奇，为什么这对你来说是有意义的？”

·“这对你有什么意义？”

同样，学员将提供问题的答案。

·“成功是什么样子的？”

·“你如何知道自己已经实现了目标？”

·“你将如何庆祝成功？”

·“如果你能完成这件事情，你会有什么感觉？”

学员将继续前进，想象在他们的生活中想要改变的东西。他们要解释为什么这些改变对他们来说有意义。他们要向教练描绘终点线的图景。他们会生动地描述自己的感受，想象自己已经取得了成功。他们会变得充满力量，坚信自己有能力对生活中最不满意的事情产生积极影响。教练会继续提问：

·“为了实现这些目标，你有多努力？”

·“从 1 分到 10 分——1 分是‘这太难了，我不确定我能不能做到’，10 分是‘让开，我的决心能开山搬石’——你给自己打几分？”

同样，学员将给出指引。如果教练相信学员已经足够投入，他们可以继续提问：

·“在你看来，实现目标的第一步是什么？”

如果教练不确定学员是否足够投入，他们可以这样问：

·“你刚才在 1 到 10 的投入量表上给自己打 5 分。”

·“你能够想象做哪些事情可以把这个分数提高到 6 或者 7 吗？”

学员将列出他们的计划，要么提高投入程度，要么概述迈向成功的第一步。为了增强学员的信心，教练可能会继续提问：

·“在你过往的经历中，是否曾遇到过类似的状况，你成功驾驭了它？”

·“从那次的经历中，你学到了哪些东西，可以应用到现在的场景中？”

通过以下问题，教练可以增强学员的责任感：

·“你想在什么时间完成？”

·“你希望如何检验你的成果？”

这些简单的问题提醒学员，教练很快就会接着问：

·“我们上次见面时，你曾说你想在 ________ 时间完成 ______________，你做到了吗？”

以下问题能够帮助教练找到支持学员最好的办法：

·“我如何才能更好地帮助你？”

·“如果这个方法行不通，你还有哪些办法？”

·“可能发生的最坏的情况是什么？”

总的来说，这些问题可以帮助学员选择对他们的生活有积极影响的东西，然后制订计划——从开始到结束——从第一步行动开始。这些计划有明确的时间节点，考虑了应急预案，并且考虑到了潜在的风险和不足。通常情况下，时长 30 分钟到 40 分钟就足够了。沟通的关键是进步的过程，聚焦于解决方案，以及就像 IPEC 所说的增强学员的能量。

IPEC 由《活力领导：转换核心工作场所》的作者布鲁斯·施耐德创立。IPEC 教授一种叫作“核心能量训练”的课程。这一课程的前提是，人的思想和情感表现在他们的身体上，并能够表达为“能量水平”。在 IPEC 术语中，每一级别（思考频率）都有其能量特质。IPEC 用图表来描述这些等级，并将这些图表称为“能量自我感知图”。例如，第一级是受害者能量，特点是需求、缺乏信仰（对人性、对公共利益）、缺乏自我意识、弱自我、冷漠和嗜睡。他们不愿意为自己发声，维护自身利益。他们认为自己在被动地接受这个世界，他们对此无能为力。第二级是冲突，即本书讨论的重点。冲突的特征也包括需求、缺乏信仰、缺乏自我意识和弱自我，但是当人倾向于自我防卫时，冲突的特征就会发生变化，如愤怒和蔑视。第三级是责任。如果从积极和消极的角度来划分，那第三级责任是第一个积极的级别。责任的特征是宽容和合作，存在自我意识、建立信仰、拥有强大的自我。第三级强调的是拥有，而不是需要。第四级是关怀，特点是同情和服务。第五级是和解，关注和平和接受。第六级是综合，同时拥有快乐和智慧。第六级开始剥离自我，专注于存在，而不是拥有或需要。第七级是无批判，其特质是绝对的激情和创造力。

作为获得核心能量训练课程认证的教练，我们在了解学员当前的能量状态之后，通过提出强有力的问题来提高他们的能量，提升能量等级。

当我参加模块一的第一个周末课程时，我急于学习如何“修复”别人。我希望在这方面得到训练，以便胜任我的工作。然而，当培训开始时，显然重点不在别人身上，重点在我们自己身上。“哇！等一下！”我想，“我来这里，不是为了审视我的童年，揭开旧伤疤，袒露内心深处的感情，变得虚弱，甚至更糟一点——变得脆弱。”

如果我提早知道这个训练要经历的过程，我可能就不会参加了，因为这个过程太痛苦了。但是正如我所学到的，改变是增强对自我的意识和对他人意识的一种方式。令人震惊的是，我活了 46 岁，却发现自己不具备这两种意识。

第三章 愤怒：冲突就可以这样轻而易举爆发

“有时他们会对你做些不好的事，汤米。
他们伤害了你——你生气了——
然后你变得刻薄——他们又伤害了你——
你变得越来越刻薄——
直到你不再是个小男孩，也没有长成一个男人，
而是变成了又刻薄又愤怒的存在。
他们那样伤害你了吗，汤米？”

——《愤怒的葡萄》，约翰·斯坦贝克[①]

① 《愤怒的葡萄》是美国现代小说家约翰·斯坦贝克创作的长篇小说，发表于1939年。这部作品描写美国20世纪30年代经济恐慌期间大批农民破产、逃荒的故事，反映了惊心动魄的社会斗争的图景，该作品获得1940年美国普利策文学奖。——译者注

冲突的诞生

1965 年 2 月，我出生于印第安纳州的布卢明顿。1963 年，我父亲在罗得岛的匡塞特角海军航空站（Naval Air Station Quonset Point）服役，在那里认识了我母亲并成婚。在我出生前不久，他们搬到了我父亲的家乡。当时，我父亲的家庭非常富裕。家族企业包括石灰采石场、水泥厂和石油业，当然后来这些家族资产被埃克森美孚公司收购。我父亲是在一座有 32 个房间的院子里长大的，家中只有很少的家仆。他的父亲（我的祖父）于 20 世纪 50 年代死于持久未愈的疾病，因此，我的祖母成为一家之主。父亲的叔叔们都很有成就：有法官、医生、股票经纪人和得过普利策奖[①]的记者。在去世以前，我的祖父正学习医学并即将成为一名医生。父亲的祖母于 1905 年毕业于印第安纳大学，这在当时十分罕见。他的母亲（我的祖母）也毕业于印第安纳大学，并于大萧条之前在纽约大学获得了研究生学位。对父亲的家族来说，接受正规的学校教育是一种生活方式，是意料之中的，而不是可有可无的。多年以后，父亲家族的宅基地被赠予印第安纳大学，并成为印第安纳大学凯莱商学院（Kelley School of Business）的所在地。

我的母亲上过大学，但没有毕业，这让我父亲的家人感到

---

① 普利策奖也称普利策新闻奖。1917 年根据美国报业巨头约瑟夫·普利策（Joseph Palitzer）的遗愿设立，20 世纪七八十年代已经发展成为美国新闻界的一项最高荣誉奖，现在，不断完善的评选制度已使普利策奖成为全球性的一个奖项。

遗憾。她的父亲是一个工厂的工人，在罗得岛西沃威克的一家肥皂厂工作。她的母亲在当地一所大学的自助餐厅工作。以前，我听到过关于母亲与帮工走得太近而遭到祖母责骂的故事。

我知道当时正在发生越南战争，而我不知道的是，一场家庭战争也在酝酿之中。在我一岁时，父母就分居了。母亲带着我从印第安纳州回到了罗得岛，向她的家人和信仰寻求庇护。父亲没有随我们去罗得岛，也没有参与离婚诉讼。因此，他们直到 20 世纪 70 年代初才正式离婚。我的母亲患上精神疾病，大部分时间都无法照顾我，尤其是在我小的时候。我童年的大部分时光是与寄养家庭和亲戚一起度过的，他们（大部分）都尽其所能来照顾我。

尽管我相信，他们的本意是好的，但很明显，我对他们来说是一个负担。没有必要去讨论那些不再重要的细节了。总之，那对我来说并不是安全的环境。显然，如果这个世界上有两个人无权生孩子的话，那这两个人便是我的父亲和母亲。

因为年龄太小，过了好几年我才意识到父亲的缺席。我曾经有父亲，但现在却没有了。他不仅缺席了我们的生活，不支援我的母亲，而且在我成长的过程中也没有提供任何支持。不管他们的关系出了什么问题，在我看来，我已经被抛弃了，不被需要的丑恶现实给我的愤怒和冲突提供了滋生的土壤。

处于这种境遇下，也许很多人会认为自己是受害者。我想在某个时刻，我一定也有这样的感觉，但那已经是很久之前的事了，我已经记不清了，或者可以说已经忘记了。然而，我能够记住的是愤怒的感觉。激烈的、爆发的愤怒是我主要的防御手段，它保护了我，让我有安全感。早在幼儿园里，我的脾气就给我带来了麻烦。

回到罗得岛以后，母亲就开始想办法维持生计。当然，她的家人和朋友会给予她一些帮助，但那种帮助无法减轻 20 世纪 60 年代社会对于“离婚”的单身女性的巨大压力。人们轻蔑地议论着，认为那种状态是沮丧的，那是“糟糕的选择”。为了生存，母亲不惜一切代价，包括接受任何人的帮助。当我从一个寄养家庭被送到另一个家庭的间隙，我才会和母亲团聚一阵。

有一次，她给我一件毛皮大衣。我不知道它是从哪来的，可能是朋友或亲戚传下来的，可能是好心人的捐赠，也可能来自教会。实际上，我也不在乎它是从哪里来的。母亲说，足球英雄乔·纳马斯穿过这样一件毛皮大衣。她一看见这件大衣，就想到了那件事。我还记得我自豪地穿着那件大衣去上学。然而，那件大衣却让我在学校里成为被嘲笑的对象。在那个没有太多是非观念的环境中，孩子们说我穿的是一件女孩的衣服。我记得自己极力捍卫这件大衣的荣誉。虽然它只是一件外套，但它也象征着我们的困境。同时它也提醒着我，我的努力和自我意识还不够强大。痛苦的现实激发了我的愤怒，而愤怒又导致了无休无止的与他人的争执。最终，因为，长期的“不良”行为，再加上后来与同学的一次打架，我被停课了。我很确定，老师要求我的外婆不要再把我带回学校。

作为一个女人，母亲在那段时间太艰难了。她离婚了，想要工作，精神不好，还带着一个孩子。我记得我五岁的时候，有一个晚上，我们住在别人的一间空房子里，她给了我一些喝的,我以为是巧克力牛奶。之后她走开了,而我不喜欢那个味道,就把它倒进了水槽里。她回来后,问我饮料在哪?我说,我不喜欢那个味道,把它倒掉了。她立刻垮了下来,瘫坐在餐桌旁啜泣。当时我并不知道自己做错了什么,她也没有告诉过我,但现在我知道了——我们没有食物,我刚刚把她一天仅有的食物倒进了下水道。

我上一年级时,母亲再婚了。我的继父之前离过婚,有三个孩子。当母亲嫁给继父时,她一定是在寻找和她第一任丈夫完全相反的人。随着时间的推移,显然我的继父和我在各方面截然相反。如果说我和继父步伐不一致,那简直是轻描淡写……我们的腿、躯干和身体,完全南辕北辙。我还记得在他们结婚之前,我们在外婆家里吃晚饭。我应该是不小心将食物或者是银制餐具掉在地板上了。准继父让我把它捡起来。我告诉他我不会去捡,因为我不是仆人。外婆参与进来,将我掉在地上的东西捡了起来,缓和了一些紧张的气氛,表示她愿意维持和平。然而,当我们回到家,我准备上床睡觉,准继父手里拿着皮带走进来,准备教训我在餐桌上不合体的行为。此刻,他让我知道了什么是体罚。

四十五年过去了,我现在更好地理解了这种关系。我们的价值结构完全不同。我的行为冒犯了一些他的价值观(可能是纪律、尊重、服从或者谦逊方面,等等)。反过来,他将自己的价值观强加于我,也让我感到很不快。因此,我和他都发泄了出来。我激起了他的某种不良行为,虽然那种行为是我并不想要的。他也一样。现在我又意识到了另一点,那就是我内心的愤怒是自我延续的：意识到因为我是谁而不被生父所需要，又因为我不是谁而不被我继父所需要。

我还记得被问到 1972 年总统大选和越南战争的问题。母亲问我，如果你能投票的话，那你想将票投给谁？投给他的原因是什么？我回答道我会支持理查德·尼克松，因为他承诺会结束战争。继父对这种说法十分生气。他是一名联邦电工，支持民主党候选人乔治·麦戈文。这虽然只是一个小例子，却足以定义我们之间关系的矛盾点。随着我年龄的增长，我们几乎在所有事情上都发生了冲突。我认为自己是共和党人，而他认为自己是民主党人。我受洗成为天主教徒，而他是新教徒。我重视教育，渴望用头脑谋生，他则认为正规教育没什么价值，要靠自己的双手谋生。为了说明这一点，我还记得当我 13 岁时，他揪着我的耳朵，带着我去当地的一家餐馆见老板。他告诉老板我需要一份工作。在当时的情况下，餐馆老板需要一个服务员和一个洗碗机，所以他雇用了我。继父对我说，我是时候付伙食费了。在我搬出去以前，我需要每周付 50 美元的伙食费给我的继父。我记得他一遍又一遍地告诉我，那是我一生中最美好的时光。

通过工作，我知道了我很擅长干活。此外，我也很会喝酒。我意识到：能够支撑自己的开销是我通往自由的门票。我尽力地工作。到了开学的时间，我还没有去上学。在高中的第一年，我有整整三个月的时间没有去学校。如果不是学校给母亲打电话找我，那我可能就不会回学校去了。这一年余下的时间里，我被学校留校察看。老师们努力让我相信我在浪费自己的潜能，但是他们却回答不了我提出的非常简单的问题："你们教我的东西（动词的变化、韦恩图和元素周期表）如何帮助我在今天的社会上谋生？"

因为已经失去了生父，又不想再失去母亲，所以我抓住一切机会和继父争夺母亲的关注。我记得有一天下午，我们住在一个改造过的夏日营地里。我大概 9 岁。继父邀请一位亲戚来做客。他担心亲戚们会迷路而错过进入营地。于是，他决定在 2.4 千米外的路口处迎接他们。他、妈妈和我沿着土路走了大约四分之一的路程。在剩下的 1.8 千米路程，继父让我跑着过去，只是为了确保亲戚们没有错过进入营地的路口。原本的计划是我们会一起坐车回去。当我跑到路口时，几辆车从我身边飞驰而过，其中一辆车上载着他的亲戚。在他们经过之后，我马上转身，跑回到我们最开始分开的地方。我发现他们早就走了，只把我留在那里，一个人。我记得当时自己悲痛无比，因为母亲选择了跟他一起走，而留下我自己。当我到家时，母亲无法理解为什么我如此抓狂。她觉得，反正我也不想跟着去。我觉得自己被母亲也抛弃了。更糟糕的是，在与继父的竞争中，我输了。

我曾经问母亲，为什么要再婚？她回答道："因为，我想要有自己的生活。"现在我能更好地理解这句话了，但在当时，我觉得自己被生父抛弃，又成为继父的负担。我感觉自己是一个不受欢迎的人，像一个私生子，处于危险和迷失的境遇之中。

因为母亲有精神疾病，所以她需要定期住院，接受精神治疗。一个特别的晚上，我被前门的一阵挣扎声和呼喊声惊醒。

母亲大喊着她不想被带走。我记得我打开房门，看到母亲紧紧抓着门框，试图阻止那些要把她带走的人。我吓得大哭起来，仿佛看到了未来的生活，而那些把母亲带走的人并不理解我的尖叫和哭泣。他们不会理解我将要再一次独自生活，和我认为是陌生人的人在一起。他们更不会知道无论环境如何，对我来说它们只会助长我的忽视。有很多个晚上，我睡在户外：有时在邻居家的院子里，在船上，在棚子里，有时睡在我狗狗的窝里（那里比较暖和），假装有朋友邀请我去家里过夜。

在我 10 岁生日那天，继父打开了母亲给我的生日礼物，然后把包装纸扔进了火炉里。那张纸引起了阁楼上的大火。他闻到了烟味，知道房子着火了，便想起了他在海军服役时受过的训练:绝缘体可以让火熄灭。他用走廊上的篮子凑合着当作梯子，穿过狭小的缝隙爬进阁楼。尽管他和当地的消防部门都尽最大努力试图熄灭大火，但屋顶的一大部分还是烧没了。我还记得那天深夜，我坐在客厅里，透过屋顶上的洞看星星。他什么都没说，但是我能感觉到他在责怪我——是母亲给我的礼物包装纸引发了这场火灾。

我的继父并不是没有感情的动物。我认为他对自己与孩子关系的破裂感到内疚。生活的残酷折磨着他。还是那一年的一天晚上，母亲问我继父为什么哭了。我说不知道。母亲说她看到继父坐在床上，手上裹着纱布，渗出的血将纱布浸湿了。母亲说，和继父待在一起不安全，我应该带她去朋友家，寻求朋友的帮助。我还记得为了防止继父找到我们，我们在半夜穿梭在小路上。在到了朋友家之后，我尽我所能描述我们遇到的情况，尽管我自己也并没有真正理解。

反正我也不喜欢当时住的地方。到那时为止，我已经在十年内换过五六个住的地方。我总是附近最小的孩子，也是唯一的独生子女。我周围的物质条件很好，但情感空间却很荒芜。人们辛辛苦苦地谋生，节衣缩食，不断地支付账单——没有希望，没有生活，只有生存。作为新来的小孩，我总是被欺负，但每次我都会反击。虽然我不是每次都能赢，但不管我跟谁打，我都知道他们是一伙的。

我记得在上三年级之前的某个时候——我大概 7 岁，住在大约第五个房子里，新学校，新邻居——我在车道的尽头和一个邻居的小孩打了起来。其他孩子聚了过来，帮着和我打架的那个孩子。我们死死地扭打在一起。我一定是鼻子流了血之类的，进屋去找母亲诉苦。我记得继父将我送回外面，完成战斗。令旁观者沮丧的是，我做到了。从那时起，战斗就成为生活的一部分。当我回顾过去的记忆时，我能记起的只有战斗。

在这个新社区里，孩子们以《蝇王》[①] 的方式组织起来，用恐惧和暴力来支配他人。大一点的孩子十分凶残，更像成年人而不是孩子。他们制造了各种各样的破坏，毁坏财产、破门而入、小偷小摸——今天我们称之为故意损坏。他们享受控制和骚扰

---

① 《蝇王》是英国作家、诺贝尔文学奖获得者威廉·戈尔丁的代表作，是一本重要的哲理小说，借小孩的天真来探讨人性的恶这一严肃主题。故事发生于想象中的第三次世界大战，一群 6 岁至 12 岁的儿童在撤退途中因飞机失事被困在一座荒岛上，起先尚能和睦相处，后来由于恶的本性的膨胀，便互相残杀，发生悲剧性的结果。

的感觉。他们抓住一切机会把自己的意志强加给我们之中最小的孩子。有一天,我们开车去了一个地方。我需要有人送我回去，但他们不让我上车。他们告诉我，如果我想回家，我就得坐上引擎盖。没办法，我只好爬上了引擎盖。正如你所想，一场地狱之旅即将到来。我的双手紧紧抓住引擎盖不放，而他们享受着骑野马一样的乐趣。他们开着车就开始环形绕圈、滑行和紧急刹车——我一直趴在引擎盖上。我试着不去想可能发生的事情,而专注于已经发生的事情。那天,我到家了。这才是最重要的。

我们中的大多数人都缺乏指导，只能靠自己。有时当母亲不在身边时，我问继父某件事情该怎么办。他总是简单地回答：“如果我不在的话你会怎么办？”因此，我不再询问，假装他不在我身边。

街对面的房子卖了，一个来自普罗维登斯的家庭搬了进来。我被以一种疯狂的达尔文式的方式介绍给他最小的儿子。另一个邻居的孩子说我是一个“难搞”的小孩。因此，这个来自普罗维登斯的小孩在介绍自己时，冷不丁地打了一下我的头，说他也很难搞。他的确是个难搞的孩子。他在改造学校待过一段时间，哥哥和父亲都进过监狱。我不记得是什么原因让他朝我开枪——我们一定是有过争执。有一天，他抓起一把 0.22 口径的来复枪，朝我脚的周围开枪。当然，我跑开了，枪还在继续扫射，但都没有击中我。几天后，当地报纸报道说在池塘对面的房子中发现了弹孔。

正如同过去的事情会对当下产生影响，随着年龄的增长，我终于意识到我的面孔越来越像我的生父，每天都在提醒母亲那段过去。于是，当我达到征兵年龄时，我立刻加入了美国陆军步兵队。我很快就融入了那里。战斗和生存已经成为一种生活方式。

冲突的形成

1988 年，我结识了现在的太太。我刚从美国陆军步兵队退伍，在汽车行业工作。那时，我已经成为一个全方位的社会斗士（比之前版本的自己更加致命和好斗）和酗酒者。母亲和继父要求我搬出他们的房子，因为我难以控制，经常捣乱。这导致我需要找个地方住，于是我们结婚了。

在我的同龄人中，大多数都希望在 30 岁时成为百万富翁。然而，我的宏伟计划却在 25 岁时夭折了。如果我没有遇到我的太太，那么我的计划倒是有可能会实现。

在遇见我妻子前不久，我差点死于一场车祸。在酒精导致极差的判断力、高速和疲劳驾驶的共同作用下，我的车冲到草坪上，翻了个底朝天。据估计，当时我的车速至少为每小时 129 千米……我在医院醒来，右手疼得厉害。他们说我的右手穿过了挡风玻璃。第一批救援人员回忆道，根据当时车内的出血量，他们还以为有人员死亡。出院后，我又去了趟事故现场，发现当时我的车停下的位置恰好是卫理公会教堂。

我记得在我五岁时与母亲一起坐车。她问我长大后想做什么？我说，我想成为一名宇航员。她问我："你为什么想当宇航员？你可能会死掉。”我记得我告诉她：“没关系，妈妈，我不怕死……每个人都会死。”死亡从来不会让我害怕，活着才会。

我的太太来自一个爱尔兰家庭。她们家里共有四个子女。她是家里唯一的女孩。她很擅于处理各种冲突，因为这是她日常生活的一部分。她的父亲对于女婿的人选只有一个要求：爱尔兰人，并且是天主教徒。幸运的是，我是爱尔兰人，并且接受了天主教的洗礼。然而在受洗后，随着母亲的离异，我成长为路德教徒，因为母亲不再被天主教会接受……直到今天，我仍不能明白这种歧视。

我第一次见到自己的生父是在 1992 年，那时我 27 岁。我得知，我的祖父在父亲 16 岁那年去世了。因此，在某种意义上，父亲也被抛弃了。我还了解到，我是这个家族百年以来第一个没有上过大学的人。

人们总是问我：“你们第一次见面时是什么感觉啊？”他们总是对我的回答不以为然，因为那跟他们想象或想要听到的场景十分不同。实际上，那个场面很窘迫。我们花了几年的时间来建立关系，但很显然，父亲并不想，或者不能参与到这段关系中。时间和距离让他付出了代价。我感到很痛苦，因为我想要的总是比他能给的多得多。我无法理解作为父母，不想融入孩子的生活中是一种什么感觉。当意识到这段关系无法修复之后，我感到被厌弃。

具有讽刺意味的是，经过了八年的等待，我的儿子于 1997 年出生。在第一眼看到儿子的那一刻，我后悔生命中浪费过的每一秒、每一分钟和每个小时。儿子的出生让我和父亲的分离更加难以理解。现在，我自己成为一名父亲，简直无法理解缺席儿子的人生的想法。儿子的出生给了父亲第三次融入我们生活的机会。在我看来至少是这样的，但对父亲来说重新审视他和我的关系可能太过痛苦，因此跟孙子建立联系对他和我们来说可以作为一个新的开始。但这一切并没有发生。最不可原谅的事情就是看着我的儿子被他的祖父厌弃。

我开始思考这一系列事件，就好比火箭发射的不同阶段，每个阶段都会增加助燃剂使火箭持续加速。随着每个阶段的燃烧和箭体脱落，飞行器的整体质量会下降，从而提高推进效率。对我来说,这些事件推动了愤怒,每次心碎都会让怒火熊熊燃烧。

我不能说冲突毁了我的人生，但我会说，冲突定义了生活的每一个部分。我的太太经常形容我是“让人吃不消的人”，这完美地概括了我与他人相处的模式和能力。我对批评极度敏感，每当我的表现受到一点点质疑时，我就会陷入盲目的愤怒，为了不断证明自己的价值，变得极具竞争性。尽管我在事业上十分成功，但我的成功往往是以牺牲我周围的每一个人为代价的。人们经常用“最好的经理，但无法和任何人融洽相处”来形容我。我花了很多年才最终认识并理解这一点。

就像一个瘾君子，在我准备好承认冲突给我的生活带来负面影响之前，我不得不先跌入谷底……没错，我触底了，重重地跌入谷底。我一直能够出色地完成个人任务。因此，直到我职业生涯的后期，当我开始负责管理他人时，问题才显现出来。我的管理方法“当我告诉你该怎么做时，就照我说的做，否则就给我滚蛋”并没有受到欢迎。也许有效，但并不受欢迎。人们说我“很吓人”。我无法理解。我以为那是个玩笑。但在那段时间里，我就像在寻找火柴的汽油。比如，客户出现问题，表示担忧，或者我的老板提出批评、问题或者建议，都会将我点燃。那个过去的我不惜一切代价，坚守到底，打赢了大多数战役,却输掉了所有的战争。我开始失去工作,一份又一份的工作,直到有一天我终于崩溃了。我出现了信心危机。在那一刻，我被打败了。我双手抱头，眼里充满泪水。我整个职业生涯都奉献给了一个行业。我不确定失业后的自己是否能够继续养家糊口。更糟糕的是，在一次与妻子的聊天中，她说她和儿子都很害怕我，因为我很暴躁。这些事情都真实地发生在了我的身上。

不知为何，过去将我保护得如此之好的东西——为了生存而战斗——现在却给我的生活造成了毁灭性的打击。它曾经能够保护我和他人。我的同事一直对我说：“如果大楼着火了，你就是那个救火的人。”我在紧急状况下总是表现很好。这大概需要肌肉记忆或者练习，而我恰好有很多。我从来都不是一个高尔夫球手——那些看过我打球的人都不会把我在球场上做的事称之为打球——但他们告诉我，让他们不断回来看我打球的原因是那一杆漂亮的击球。我的自我生存反应就像打台球，不同之处在于这是我唯一的机会。无论是否有必要，我都把它应用在每一个场景。但是它只是在危机中表现出色。问题是，为了让这种技能发挥作用，必须得有一场危机。

我记得在一个寒冷的天气，我大约有 10 岁。母亲和继父都去工作了，只有我一个人在家。我的小狗本吉是一只小型喜乐蒂牧羊犬。它的牵引绳松了，掉进了房子后面池塘的冰水里。

我看到它挣扎着从水里爬出来，周围的冰块不断碎裂。起初，我在冰面上走了几步。但当我接近本吉时，脚下的冰块开始破碎。我自己可以安全地返回岸边，但本吉仍处于危险之中。我想起邻居那艘 3 米长的平底小船。我找邻居借了那艘船，将船拖到水边，用桨破冰，同时划到离本吉更近的地方。在不可预知的意外发生之前，我抓住了本吉，将它拖到了船上。回想起来，那天我很有可能掉进冰水里，甚至有可能溺水而亡。但谢天谢地，我的自我生存本能救了我和本吉。

后来的生活再一次测试了我的生存技能。这次是我十几岁儿子遇到了危险。在一个星期六的傍晚，我正从漫长的一周中放松下来。当时大约是下午四点半，天气预报说会有暴风雪，预计积雪深度会达到 0.3 ~ 0.6 米。我的儿子到户外去呼吸新鲜空气。我们住在只有几十亩土地的乡下，身后还有几千亩的土地保护区。他出门已经有四十五分钟了。我透过窗户在院子里寻找他的身影。我找不到儿子，于是问太太是否知道儿子在哪里。她也说不知道。我立刻意识到事情不对劲。妻子带上我们的圣伯纳犬去找儿子。她沿着房子的周围找了一圈，估计儿子可能已经走到了几条街之外的池塘边。她把狗放回屋，将车从车库里开出来，开车到周边去找儿子。

冥冥之中，我觉得儿子不会到池塘附近玩。直觉告诉我，他在树林里迷路了。那时，雪下得很大，而且天已经快黑了。树林十分茂密，到处都是水坑。我担心他可能迷路了，受伤了，或者快要冻死了。冻伤是另外一个危险。儿子没有接受过野外生存训练，而我在美国陆军步兵队待了三年，有在陆地上和大自然中生存的经验。我的大脑迅速调整为野外生存模式。旅行时我总是带着御寒装备，以防在偏远地区抛锚。我从车里拿起工具，穿好衣服，带着一个手电筒、一个指南针、手机和一个瑞士多功能刀具。因为时间有限，所以我没时间给我的艾可慕双向收音机充电，也没有带上急救箱。

走出房子，我就看到地上有通往树林的脚印。我更加确定，儿子进入了森林，然后迷路了。我打电话给妻子，告诉她我找到儿子的脚印了，我会沿着脚印去寻找，直到找到儿子。我顺着脚印往前走,穿过了大大小小的水坑,我知道他一定又湿又冷。在树林的某些地方，脚印按原路折回并呈环形，这意味着他迷路了。我试着全速追踪脚印，同时尽量克制自己不要惊慌失措。每走四五步，我就喊着儿子的名字。当时我专心追踪脚印，根本没有意识到我的手机信号已经断了，没法及时告诉妻子我的搜寻进展。她报了警，警察派出了搜救队。他的足迹仍然清晰可见，他走过的地方还没有被雪覆盖。但也有些地方，他的脚印看起来不太清楚了。当找不到脚印时,我就停下来,闭上眼睛，深呼吸，告诉自己：我一定会找到他。

我的心怦怦直跳，思绪万千。我会找到吗？每一次，我都能继续追踪上那些脚印，然后继续寻找。突然，我看到了远处的一道栅栏。他的足迹指向了一所房子的后院。脚印一直绕到了房子的前门。可见他找到了一个避难所,我松了一口气。然而，当我按下门铃时，主人说儿子并不在这里。儿子向主人询问了地址就离开了，并没有寻求帮助。儿子用那个询问到的地址帮助自己寻找回家的方向。当我回到家时，警察和儿子已经在家里了，儿子身上裹着毯子。我不确定他是否明白当时的情况对他来说有多危险。事实证明，我并不需要救他，他自己就能找回来。

俗话说：“使人变好的东西，也会使人变坏。”意思是过于突出的优势反而有可能会成为劣势，或者失去平衡。有句谚语是这样讲的：“如果你只有一把锤子，那么所有的东西看起来都像钉子。”这句话生动地描述了人在面对逆境时运用能力的倾向。令人费解的是，我已经跨过了某种无形的门槛，将我的能力——自我生存——变成了自我毁灭。尽管在我的生命中至少有两次对他人来说是有价值的，但在大多数情况下，尤其在日常生活中，高度警惕会带来伤害。不仅仅是对我，还包括我身边的每一个人。我必须诚实地评估冲突是如何给我的生活造成负面影响的。——见附录

冲突如何给我的生活造成负面影响

· 感觉我陷入了无休止的争吵；
· 吃力不讨好的工作；
· 吃力不讨好的生活；
· 破裂的关系；
· 以牺牲他人为代价获得成功；
· 失业，收入减少；
· 失去职业自信；

· 怀疑自己是否有能力继续养家糊口；
· 妻子和儿子害怕我。

在纸上写下“妻子和儿子害怕我”，承认这是真实并且具有破坏性的那一刻，我意识到某些东西必须做出改变了。我不知道如何改变。之后，我收到一位老同事的邮件，他邀请我共进晚餐。晚餐时，他提到了一个正在进行的项目，说这个项目发展得很快，需要更多的人才。他说，这个项目和之前做过的项目都不一样。它不是咨询，不是过程改进，而是指导。

作为 IPEC 专业教练认证（Certified Professional Coach, CPC）课程的一部分，学员们需要互相进行同辈指导。我的同辈教练在处理情感和直觉障碍方面都很顺利。这些障碍是在生活中对我们造成局限的东西。在一次交流中，当讨论到我的障碍（我觉得自己不够优秀）时，我试图重新找回自己被抛弃时的那些深埋起来的情感，一幅画面呈现在我的脑海中——一个孤独的小男孩，张开双臂，号啕大哭。退回到那一刻，我看到了自己的脆弱和恐惧。我记得自己向同辈教练解释道，哭过之后，我非常生气，当场决定，从此以后没有任何人再能把我置于那样的境地。为了生存下来，还是一个孩子的我将自己武装起来对抗别人，也正是那一瞬间，决定了我一生当中持续不断的冲突。

现在，我有了一个重新开始的机会。这不是宗教意义上的重新开始，而是重新来过，真正意义上新的开始。我学习着如何重新开始，想摆脱我背负了一生的包袱：不再因为被抛弃而责怪自己，也不再被由此产生的愤怒束缚。这是一个真正的机会，让我能够成为一个完整的人，最终感觉自己足够优秀。

现在我明白的是，每一次与人的互动，都是一次塑造他人或者毁灭他人的机会。很抱歉，在我一生中，大部分时候我都在摧毁别人。当我离开这个世界时——我已经到了可能随时都会离开的年龄——我不希望别人对我的印象是，我的成功是以牺牲他人为代价的。管理冲突只是把某些要素连接起来的问题，其最振奋人心的一点是——管理冲突是一项可以学习的技能。本书的其余部分将重点讲述如何连接这些要点。当这些要点连接起来时，你就有了一个新的选择。现在你知道如何改变了，问题是你想要改变吗？

第四章　现实：现实生活中规则被随意破坏

“我们看见的不是事物的本质，而是自己的样子。”

——阿内丝 · 尼恩[①]

每个人都有自己的处世哲学：我们的使命定位、生活方式，以及办事方式。因此，我们都在寻找能够强化这些信念的环境，而忽略无法强化的环境。关于这种倾向已经有了很多研究。学术界把这种倾向称为确认偏差（confirmation bias）。列夫 · 托尔斯泰在《艺术论》中写道：“我认为，如果要大多数人——不仅仅是那些聪明人，甚至是那些聪明绝顶的和能够理解最困难的科学、数学或哲学问题的人——承认自己所得出的结论是错误

① 阿内丝 · 尼恩（1903—1977），美国作家，代表作《维纳斯三角洲》《乱伦之屋》。——译者著

的，即便是最简单和最明显的事实，也十分困难，因为那些结论是他们引以为傲的结论，是他们传授给别人的结论，是他们赖以为生的结论。”

在我的一生当中，我大多遵循下述处世哲学：

· 生活不易；
· 其他人都很差劲；
· 还不足够；
· 事情无法改变；
· 我无法突破；
· 我不够优秀。

正如托尔斯泰所说，我没有意识到这种想法可能会有所不同。我记得在 IPEC 的生活及领导力潜能培训（Life and Leadership Potentials Training）期间，当我分享了我的处世哲学之一（生活不易）后，一位指导教练问我：“如果生活不是你想的那样呢？”我的回答大概是：“是啊，如果生活和我想的不同那就太好了。但事实如此，所以没关系。”现在，在我写下这段话时，我确定我能猜出当她听到我的回答时的想法。当我从我的学员嘴里听到类似的回答时，我的反应可能是一样的。

我最感激 IPEC 的一点是，它让我意识到，我的人生中，冲突的根源在于我自己。在第一个为期三天的周末课程结束后，我的内心燃起了新的希望。我开始慢慢地摒弃那些限制我的旧规则，迎接新的规则；我开始了解自己，了解他人。我也因此而获得成长。从那一刻起，事情都变得不一样了：我不再一意孤行，不再是自己冲突的根源；我的工作变得更有价值和成就感；我的工作关系得到改善；我的绩效突飞猛进，我从来没有像现在这样高效过。

但首先我需要搞清楚，我的生活准则是如何失效的。在我的一生当中，我都在遵守着这样的规则！为了能够管理它们、让它们失去作用，并且消除它们对我的控制，我需要识别它们，以及由此产生的行为。

我的人生准则之一是：别人都很差劲。如果用行为上的词语来解释我是如何按照这种信念来行事的，那应该是：我自然地对别人抱有最坏的期望。因此，我不轻易信任别人；我更喜欢竞争，而不是合作；我觉得人们会从我这里拿走任何他们想拿走的东西，所以我永远保持警惕。如果别人善意地对我，那他们一定是有所求，或者有不可告人的目的。没有人会做对别人最有利的事，他们只会做对自己最有利的事。——见附录

做这个练习的目的是要明确我们给自己设定的界限。在阿宾杰研究院出版的《和平的解剖》一书中，他们这样描述人们给自己建造的房子：“我可以竭尽全力打造我的人际关系，但如果我被限制在一个盒子里，那就没多大帮助了。如果我在盒子里学习，那么我只能听到我想听的。如果我在盒子里给别人上课，那么我会让所有听讲的人产生抵触情绪。”

最后，每个人都必须决定——生活准则是否能够为我所用。“为我所用”的意思是，这些准则是否健康并且积极向上？是否能够如你所愿发挥作用？如果生活准则不再在我们的生活中占有一席之地，那么，它们就是有局限性或者是消极的，我们必

须有意识地做出改变。否则，我们就有可能像被终身监禁一样被它们所禁锢。就像管理冲突一样，管理生活准则首先是要识别它们。

第五章 理由：过去的经历，影响着今天的情绪

"认识自己是一切智慧的开端。"

——亚里士多德[1]

当我开始撰写这本书时，我写到的第一件事，就是我的人生有一段时间似乎陷入了无休无止的争吵中。我有这样的感觉，是因为我似乎不具备与人相处的基本能力。那种无能感让我觉得孤独、困惑和不完美。我无法理解，为什么别人都能够与他人和平共处，而我不能。我怎么了？为什么别人都能够驾驭类似的具有挑战性的人际关系，而我不能？我似乎与刺激有着某种更深层、更强烈的联系，这种高度敏感性激发了我的极端反应。因此，除了学会管理冲突本身——通过发掘个人价值观被

① 亚里士多德（公元前384—公元前322），古代先哲，古希腊人，堪称希腊哲学的集大成者。

冒犯的场景——我还需要明白为什么我的反应会如此激烈和疯狂。我要搞清楚为什么我的身体里似乎没有通路能够控制这些反应。就比如我的轻度阅读障碍，经常让我回忆起一些过去的东西，例如电话号码。

有一天，我向学员讲述我与冲突做斗争的经历。学员们也有类似的问题，并且对我如何解决这些问题很感兴趣。在解决问题之前，他们必须认识到冲突已经给我们的生活带来了负面影响，这给了我寻求解决方案的动力。课程结束后，我仍在回忆我的描述：我小的时候被抛弃的经历伤害了我，导致我将自己武装起来，对抗这个世界。从那次经历开始，我始终处于自我生存模式中，无论是否有真正的威胁，我都觉得处处危机四伏。直到将近半个世纪之后，我终于克服了它。自我生存模式虽然在保护我的安全时很有价值，但现在已经失去了它的作用。然而，问题在于我仍然困在这种模式之下。我不知道其他的处世模式。就和其他被允许成长得过于强大的力量一样，曾经的优势很快就变成了明显的弱点和劣势。

为了更好地理解这个动态的过程，我开始做研究。我偶然读到苏珊·安德森[①]的一篇文章，她是《从被抛弃到痊愈的旅程：从爱相随到爱丧失中幸存和恢复的五个阶段》一书的作者。在她 2013 年发表的题为《被抛弃后的创伤应激障碍，第一部分：综述及 30 个特征列表》的文章中，她提及了由被抛弃引发的创伤后应激障碍（post traumatic stress disorder, PTSD）。

---

① 苏珊·安德森，社会暨人格心理学家。

在文章的开头，苏珊写道：

“在童年或成年时期经历过被抛弃后，有些人会出现创伤后症状。这些症状与创伤后应激障碍有许多共同特征，可以认为是这一症状类别的一个亚型。”

她继续解释这种症状：

“创伤后应激障碍（PTSD）是人体杏仁核的一种疾病。杏仁核是大脑的情感中枢，负责产生战斗、逃跑或冻结反应。

在 PTSD 中，杏仁核异常活跃，一旦它察觉到任何威胁，哪怕只是隐约回想起最初的创伤，它都会立刻将我们置于高度警惕的状态，随时准备宣布进入紧急模式。杏仁核作为大脑的预警系统，始终保护（或者过度保护）我们避免任何二次伤害的可能性。在由被抛弃导致的创伤情境中，杏仁核会扫描周围环境，搜索与自我意识相关的潜在威胁。”

她继续阐述由被抛弃引发的 PTSD 是如何表现在人们的生活中的：

“患有 PTSD 的人对于与抛弃相关的触发因素会产生强烈的情绪反应，而对其他人来说，这些因素无关紧要。举例来说，当我们感到被轻视、批评或被排斥时，情绪劫持（emotional hijacking）就有可能被引发，这将对个人的生活和职业生涯造成危害。”

当我第一次读到这些文字时，我以为她写的就是我的故事。于是我理解了为什么当我与学员一起工作时，他们也会告诉我：“你所说的正是我的生活。”苏珊生动地描述了我每天与冲突做斗争的细节。每一天，我都会被情绪劫持很多次。这确实给我的个人生活和职业生涯造成了伤害，也伤害了我身边的人。

苏珊在她的文章中提到了丹尼尔·戈尔曼[①]及他对于情绪劫持的研究。如苏珊所描述：

“一旦害怕抛弃的恐惧被触发，就会引发丹尼尔·戈尔曼所说的情绪劫持。在情绪劫持的过程中，大脑中的情绪占据了主导地位，让主人觉得自己对生活已经失去了控制，至少是暂时失去了控制。如果情绪劫持频繁发生，那这种长期的过激情绪会导致自我贬低和孤立，并引起继发性疾病，例如慢性抑郁、焦虑、强迫性思考、消极自恋和成瘾。”

苏珊指出了这种疾病更具破坏性的症状：

“PTSD是一种心理生物学状态，过去的分离创伤会干扰现在的生活。这种干扰的一个特征是侵入性焦虑，通常表现为普遍的

---

① 丹尼尔·戈尔曼（1946—），美国心理学家，哈佛大学心理学博士，获心理学终生成就奖，代表著作《为什么情商比智商更重要》。

不安全感——在亲密关系和追求长期目标时一个主要的自我破坏来源。另外一个特征是倾向于通过重复的场景来强制性地重演被遗弃的场面，比如抛弃（Abandonlism）——被那些无法获得的东西所吸引。

被抛弃后的创伤还有一个特性，即受害者会遭受自尊心下降的困扰，并且在社会环境（包括工作场所）中更加脆弱。这些因素会加剧他们通过防御机制来支撑他们萎靡不振的自我。这些防御机制可以自动解除，目的是保护自恋的受伤的自我再次被拒绝、批评或者抛弃。这些习惯性的防御往往与其目的不相匹配，因为它们会造成情绪紧张，对我们的情感联系造成危害。”

根据苏珊的分析，她列出了30种PTSD的特征，其中有6种是我认为自己频繁遭受的：

· 难以处理成年人关系中常见的冲突和失望。

· 对于感知到的拒绝、排斥或批评异常敏感。

· 对控制的过度需求。无论是对控制他人行为和思想的需求，还是对自我控制的过度需求，都追求完美并要求其按照自己的意愿完成的需求。

· 倾向于对他人抱有不切实际的期望，对他人反应过度。这样会导致冲突，摧毁你与社会联系的桥梁。

· 相互依赖问题，即你觉得自己对别人付出太多，但并未得到足够的回报。

· 难以预料的愤怒倾向。

了解到我的弱点有其学名、来源、特征和症状，我可以将它们联系起来，这给了我一种难以置信的力量感。尽管这可能有些苛刻，但对我来说，被系统性地破坏和对先前的环境反应过度之间的区别意义重大。

苏珊提出的 PTSD 的概念给了我新的活力和希望。我发现了一件振奋人心的事：如果我能持续地教育自己，那我可能会从实质上改变我与他人相处的能力。我相信我能够做到。由于和他人相处的能力不足，人们往往在个人生活和职业生涯中受到禁锢。很明显，我就是这样。但正如我们在训练中所说的："这或许是正常和自然的，但不是必要的。"现在我确信只要有足够的时间，付出足够多的努力，我就能够改变这个事实，改变自己。

幸运的是，在这个过程中，我有幸以教练的身份谋生，与 7 个州的 22 家公司及其 2500 名员工共事。这份工作给我带来了源源不断的挑战，尤其是那些在组织变革中苦苦挣扎的公司。那些共同的经历令我得到了一个发现—— 一个名为"超级难搞的问题"(Super Wicked Problem)的概念。就像了解 PTSD 一样，了解超级难搞的问题是前进的一大步。

第六章 责任：超级难搞的问题无法掌控

“若非我们，那么是谁？若非此时，更待何时？”

——约翰 · 肯尼迪[①]

人们总是悄悄地问我：“事情到底是如何改变的？”一般来说，我会把这个问题搁置一会儿，看看提出问题的人是否自己能够给出回答。然后，我打破沉默，试着回答问题，就好像问题的答案是治疗新烧伤的软膏：“改变它们的人是你。”他们的反应总是一样的……首先，他们的表情由于惊讶而变得扭曲；然后，是嘲讽的冷笑，那神情仿佛在说：“不，你一定是没有理解我提的这个问题。”随之而来表现出厌恶情绪，证明令人不快的想法遏制了改变现状所必要的行动，导致了两难境地。

① 约翰·肯尼迪（1917—1963），政治家、军人，美国第35任总统。

这种两难的情况可能是生活中的，也可能是事业上的，冲突由此诞生。也就是说，生活中或者事业上他们都不会保持平和。那些寻求改变的人对于自己能够对目前的局面带来积极影响的能力感到无力或者恐惧。所以他们干脆什么都不做，任由紊乱、消极和恐惧占据上风，放任现状停滞。爱尔兰政治家埃德蒙·伯克曾说："人所能犯的最大错误就是因为自己能做的很少，就什么也不做。"

我曾长时间思考如何描述和表达那种在生活中或在职业上被束缚的感觉——因为归属感而成为受害者。然后我想起了我和一位同辈教练的对话，她谈到了她所面临的挑战，以及她所在团队的变革。在此过程中，她分享了几个案例，然后问我是否熟悉难搞的问题这个词。我回答不知道，她接着解释道："问题可以分为困难的、混乱的、复杂的和难搞的。""困难的问题，"她说道，"是那些人们有清晰的认识，并且对解决方案存在共识的问题，唯一缺少的是行动；混乱的问题是那些需要社会认同或技术专长的问题，如将人送上月球；复杂的问题有点棘手，因为不存在'正确的'答案，比如抚养孩子。"她又解释道："但是难搞的问题，"她的语气意味着只要一想到这些问题，她就会筋疲力尽，"是无法定义的。"

我决定研究一下什么是难搞的问题，得知美国哲学家C.维斯特·丘克曼在霍斯特·里特教授主持的研讨会上第一次使用该术语。丘克曼同时也是系统科学家、工商管理教授和加州大学伯克利分校和平与冲突研究教授。后来，丘克曼与加州大学伯克利分校的梅尔文·韦伯教授合作撰写了名为《规划的普遍理论中的困境》一文。在文章中他们定义了难搞问题的十个特征。在这十个特征中，第八项对我很有启发，是关于思考文化变革的 :“每个难搞的问题都可以被认为是另一个问题的征兆。”通常情况下，公司的文化都是领导指定的态度、行为和政策的副产品，并且受其影响，使得文化能表现只是症状，而不是原因。在丘克曼和韦伯的工作之后，宾夕法尼亚大学沃顿商学院管理科学荣誉退休教授罗素·L. 艾可夫提出了他对于问题的分类 :系统中的、混乱中的和交互规划中的混乱。后来，以艾可夫的工作为基础，罗伯特·霍恩在《解决难搞问题的新工具 :混乱映射和解决映射的过程》一文中扩展了混乱的概念并构想了“社会混乱”。社会混乱有 14 个定义特征，可以认为是问题和混乱的组合，或“复合混乱”。我发现社会混乱的以下 4 个特征在文化变迁的背景下是最相关的，因为它们的本质是使文化动态复杂化和层次化 :

· 大多数问题都与其他问题相关 ;
· 多重价值冲突 ;
· 对改变的抵抗力很强 ;
· 问题解决者与问题潜在的解决方案脱节。

最近，世界资源研究所的 K. 莱文、B. 卡索、斯蒂文 . 伯恩斯坦和 G. 奥尔德在《向前推进 :全球气候变化中的路径依赖、进步的渐进主义和“超级难搞”的问题》一文中向丘克曼和韦伯致敬，并扩大了其研究范围，在最初的 10 个特征基础上又增加了 4 个特征。“超级难搞的问题”最令人烦恼的特征之一是第三条：“那些寻找解决方案的人，同时也是制造问题的人”。

我们都听过这么一句老话：“你要么是问题的一部分，要么是解决办法的一部分。”这句话虽然很贴切，但同时又有点幼稚和不足。它没有想到一个人既可以成为问题的一部分，也可以成为解决方案的一部分。问题 / 解决办法都需要成员身份。这种同时存在的成员身份使问题 / 解决办法十分棘手。剥离问题或解决方案需要某种牺牲，需要付出代价。通常，在文化情境下，对个人而言这种代价太大了。于是，就出现了僵局。

当产品或服务首次推向市场时，第一批购买者是创新采用者（Innovators），他们具有较高的风险容忍度，愿意为商品或服务支付溢价，但往往会遇到不一致的服务或质量未经验证的产品。下一批次是早期采用者（Early Adopters），他们倾向于规避风险，要求更高的价值，对服务和质量有更高的期望。相对而言，早期采用者对性价比的要求比创新采用者高。最后一批是落后者（Laggards），他们享受最高质量的产品或服务，承担最小的风险，并获得最大的金钱价值。从这里似乎看到的是“拖延行动”会带来最大的好处。从文化上来讲，拖延的作用是类似的，因为成本是前载的。首先采取行动的人付出的代价最大。因此，人们有动机等待。等待会让现状持续下去，从这个意义上说，等待采取行动的人同时也是问题的罪魁祸首。

难怪改变企业文化的尝试往往被认为是自杀式的任务。我们已经确信，仅仅通过其特征，企业文化变革就可以被定义为“超级难搞、能引起社会性混乱的问题”。它对任何试图干预的人都十分危险，而对那些不尝试干预的人则是有益的。这让人想起马丁·塞利格曼[①]及他的狗狗们所做的工作及由此提出的习得性无助理论。也就是说，"感知到对形势的结果失去控制"可能会让人无法采取行动。如果这种观念还不够消极，人们发现，可以通过替代学习（vicarious learning）或模仿（仅需观察他人遭遇失控事件的情景）向他人学习无助。从这个意义上说，无助是会传染的，它强化了不作为，助长了停滞不前。

威尔·罗杰斯[②]有句名言："当你发现自己在一个洞里时，第一件事情就是停止挖掘。"这是个明智的建议，尤其是在制造问题方面。第一步：认识到你在造成问题；第二步：停止这个过程。这种简便的方法可以用来控制可控的东西。

无论是改变一个团队，还是改变自己，都要从可控的事情开始。也就是控制你自己和你的行为。当你对自己和你所处的情况有了更多的了解，可控的范围就会扩大。随着范围的扩展，你会按照自己的方式参与每一次经历。也就是说，把每一份经历都看作是一次让自己能够跳出舒适区的机会。

---

① 马丁·塞利格曼（1942—），美国心理学家，主要从事习得性无助、抑郁、乐观主义、悲观主义方面的研究。

② 威尔·罗杰斯（1879—1935），美国影视演员。

第七章 实现：别人与自己价值观相互冲突

“价值就像指纹，没有人的指纹是完全相同的，
但是人们做的每件事情都会留下指纹。”

——埃尔维斯·普雷斯利[①]

当人们询问我的职业时，我回答我是一名教练。于是，我必然会遇到类似这样的问题：“真的？是什么运动的教练？”我回答道：“不，不是那种教练。我是经过认证的专业教练。”

“哇！哦！”他们说，“人生导师！”不过，他们说出“人生导师”这个词的方式很能说明问题。他们拖长了人生这个词的尾音，通常还伴随着翻白眼、肢体语言的变换，以及快速扫

① 埃尔维斯·普雷斯利（1935—1977），美国摇滚歌手、演员，别名“猫王”。——译者注

视房间里的其他人，以期与他们的交谈不会太费力。事实上，我并不是真正的人生导师，因为这个定义有点太宽泛了。我的专长是解决个人之间或成群体内部的冲突。事实上，在我人生的大部分时间里，我每天都在经历各种各样的冲突，这让我成为了冲突处理专家。而现在，我处于最佳状态，能够帮助那些处在最糟状态的人。

在个人层面，冲突影响着人际互动、职业互动和绩效表现。在群体环境中，冲突影响人际关系，扼杀沟通，破坏团队合作，推动功能失调和破坏性文化的创造和蔓延。不过，我通常会省略这一部分。这能够避免那种茫然的凝视、令人不安的沉默，以及寻找不可避免的尴尬回应。这让我想起了我曾经作为负责人时得到的反应。大多数情况下，这被解释为一个含蓄的术语，意思是“失业”。尽管教练不像负责人那么深奥难懂，但仍然不太适合交谈。基于这些类型的回应，我调整了我的回答。现在当被问到职业时，我只是简单地回答：“我处理冲突问题。”进一步解释的话，就是我帮助人们管理生活中的冲突，让他们了解自己的价值观，了解到：

- 所有的人类行为都是个人价值观的体现。
- 如果你不了解别人的行为，你就不了解他们的价值观。

人们很难理解什么是个人价值观。价值观就是在内心的最深处对我们来说重要或者有意义的事情。这是我们的基本输入/输出系统（basic input/output system，简称 BIOS）。我们的个体程序必然会影响我们的行为。它让我们的世界丰富多彩，并成为我们观察生活的滤镜。我们的价值观体现在日常生活中的方方面面：它们体现在我们所开的车里，我们生活和工作的地方，与我们一起生活和工作的人，我们穿的衣服，我们购物的场所，我们所属的群体……

总地来说，我们的价值观是我们内部的算法，是我们“走向社会（人生）的战略”的公式化组合，就像船舵一样，价值观让我们在艰难时刻仍然保持航向。事实上，如果我有足够的时间从远处关注周围的人并观察他们的行为，我就不需要询问他们的价值观……我能够自己判断。

· 我们的个人价值观是衡量自己和他人的方式。

· 我们的个人价值观是我们的理想，也是判断的准绳。

在 IPEC 认证专业教练培训期间，我记得有一次我需要说出我的个人价值观。我记得我几乎被这个问题惊呆了。我的天性是深思熟虑，因此面对如此宏大的问题时，我倾向于慢慢地回答。课程提供了一个可供选择的列表，这对我帮助很大。

于是，我选择了成就、自主、与他人联系、家庭和个人成长。老师让我们给亲近的人打电话，让他们用一个词来描述我们。我给最小的姐夫打了电话，他诚实地回答了这个问题。

起初，我也向学员提供一个列表，想着能够让这个任务更容易一点。确实是这样。但这也导致一些人几乎把提供的每个词都标记成重点，因为生活中总有这样或那样的时刻让他们觉得自己有这种特质。因此，现在为了让训练时间更有价值、更有成效，我学会了用另外一种方式来展开对话。在对话的开始，我会要求：

·“假装你要向一个陌生人描述自己。你要让对方知道你想让他知道的所有关于你的事情。可以用六个、八个或十个关键词来描述。这些词是什么？”——见附录

通常,他们要想一会儿,然后开始给出他们的关键词。偶尔，他们会向我寻求一些指点/提示。这种情况下，我会让他们思考一个让他们产生强烈感的品牌。例如，奔驰可能意味着声望和权力，宝马可能意味着奢华、性能和地位，奥迪可能代表着精准、改进，等等。我让他们告诉我那个品牌对他们来说意味着什么？这种方式能够让我知道他们对自己的看法。“好吧，现在我明白了。”他们说，然后告诉我他们的关键词。

最近，我的一个客户，一位年轻人选择了以下几个词:成功、热情、值得信赖、勤奋、无私、竞争、关心、体贴、慷慨和积极。他没有意识到的是：

·声明属于他自己的价值观。

通过声明这些价值观，他迈出了管理冲突的第一步，以消除冲突给他的生活带来的负面影响。

“五步法”平息愤怒掌控情绪

第八章　第一步：宣告价值观范围，杜绝他人冒犯

“知识只有在应用后才有力量。”

——戴尔·卡耐基[1]

本书意在帮助那些不断遭受冲突给其生活带来消极影响的人。这些消极影响可能包括人际关系破裂、离婚、失业、暴力争吵和情绪爆发等。

本书的第二个目的是帮助那些直接受到冲突影响的人——比如我的妻子和儿子——并帮助他们更好地理解消极行为的根源。那些受冲突影响最大的人往往是与冲突主角最亲近的人，

① 戴尔·卡耐基（1888—1955），美国著名人际关系学大师，美国现代成人教育之父，西方现代人际关系教育的奠基人，被誉为20世纪最伟大的心灵导师和成功学大师，代表作《人性的弱点》。

他们是最先做出反应的人，很容易成为附带损害的一部分。他们可能想要提供帮助，但如果不了解其中的动态，就会感到困惑、害怕、不知所措、无力——甚至更糟，无法提供帮助，准备逃离。对于受冲突影响的人来说，理解冲突的本质至关重要。这能够给予他们希望和信心。希望是指，他们能够做些什么来改善现状；信心是指，他们相信自己能够积极地改变当下的状况。

在阅读接下来的交流内容时，我希望你能从两个角度来思考对话：第一个角度是学员的视角——直接与冲突做斗争的人。你能理解他们在说什么吗？你有那种感觉吗？你说过那些话吗？第二个角度是教练的视角——积极帮助学员提高自我意识的人。试着充分理解这些概念，并用能够对对方的行为产生实质性影响的方式来表达。

我能提供成百上千的案例，但它们本质上都是一样的——行为遵循着价值观。最终，我选择了马蒂、大卫、梅利莎和斯泰茜的故事，以帮助我们理解。

价值观：个人价值观和价值驱动行为

◎ 个人价值观和价值驱动行为（Ⅰ）

在结束任何客户拜访之前，我所做的最后一件事都是预约下次的拜访时间。于是对话的焦点往往会转移到下一次的拜访中。在这个特殊的案例中，我在一家汽车经销店，总经理和我正在讨论下一次的拜访计划。当他请我进办公室，关上我身后的门时，我意识到他有心事。

“我想让你和马蒂聊聊。”他说。

“马蒂，零件部经理马蒂？”我问。

“对。”他说。

“好的，没问题。”我回答道，“他怎么了？”

“他和大楼里的任何人都处不来。”他说，“如果这种情况再不改变，我就要把他请走了。他的行为已经造成了太多不和谐和破坏。我已经与他谈过了——事实上，不止一次——但没有任何改变。所以，我认为你是教练。你的‘拿手菜’是什么来着？”

“冲突。”我说。

“没错，”他大喊，“冲突。所以，你来和他打交道。”他微笑着说：“你有工具、训练和经验来说服这个家伙。我已经尝试过了，现在已经到了不能再这样和他共事的地步了。我必须得做点什么，我一直忍着，因为他很擅长他的工作。但是，你知道，我受够了。做好你的工作并不能让你有理由一直是个混蛋。我是说，大楼里没有人想和他打交道。我已经放任这种情况太久了，以至于对运营的其他部分造成了太大的破坏。所以我想让你和他聊聊，看看我们能不能拯救他。如果不能，那么就让他走。怎么样？”

“当然，我会为你和马蒂尽最大的努力！”我回答道，“下个月见。”然后我在大楼里转了转，跟大家道别。

很高兴我能有一段时间来准备我和马蒂之间的对话。我知道这对我和他来说都会很艰难。我想要确保，当谈到他与同事之间的关系时，他不会觉得自己受到了人身攻击。我想出了一个计划，然后我们如期见面了。

每一次训练互动都是从了解学员开始，这不是一个能够仓促完成的事情。教练和学员之间必须建立起信任。没有这种信任，就不会有任何进展。马蒂和我花了必要的时间，当感觉合适的时候，我们开始了工作。

“当汤姆邀请我今天花点时间跟你聊聊时，我很高兴，马蒂。我知道过去我们在这方面做得不多，所以我很高兴有机会进一步增强对你的了解。首先我要问你一个问题，起初你可能会觉得有点奇怪。但请相信，我是故意这么问的。我发现这是最简单和最有效的方法，不会对你的回答产生影响。我保证，之后我会详细解释的。”我保证说，“但是，现在，我想请你按照我所说的方式来思考，可以吗？”

“当然，我能做到。”他说。

“太好了，谢谢，”我回答，“那么就开始啦。马蒂，我想让你假装在向一个陌生人描述自己，你要让对方知道你想让他知道的关于你的一切，用六个、八个或者十个关键词。这些词是什么？”

“你能再说一遍吗？慢一点！”他要求。

“当然！”我说，然后我又慢慢地重复了一遍问题。

“好的，这次明白了，”他说，“谢谢。”马蒂用几分钟写下他的关键词。当他写完后，我请他跟我分享他的关键词。“我总是很准时，”他说，“我很可靠。如果你需要我工作，我就去工作。我诚实、值得信赖，并且很擅长我的工作。”

“好的，太好了，谢谢！”我说，“马蒂，在你对自己的描述中，我听到了准时/迅速、可靠、职业道德、责任感、诚实、值得信赖、能力……还有什么要补充的吗？”

“我很看重我的工作！”他提出，“我在这里干了很长时间，公司离我家很近，我不想去别的地方工作。”

“这么说来，马蒂，听起来你真的、真的很重视你的工作。”我说。

“是的！”他确认道。

“马蒂，当你面对一个特定的情景，你需要谨慎考虑，并思考诚实和值得信赖……就像这是一个经过深思熟虑的选择，或者是默认情况下的选择，你会说在任何情境中你都是诚实和值得信赖的吗？”

“是的，我几乎一直都很诚实和值得信赖，即使有时我不应该这样。”马蒂开玩笑说。

“那么关于迅速和可靠呢？”我问道，“马蒂，告诉我一个你曾经没有做到迅速和可靠的例子。”

我看出他有点不解。思考了一会儿，马蒂坦白说：“我真的没有不迅速和不可靠的时候。我想这就是我的天性。”

“那么，你更可能对别人说，我表现得可靠，还是我是可靠的？”

“我会说，我是可靠的。不过，它们不是一回事吗？”

“是，也不是，”我回答，“这与你对自己的个性有多认同有关，也就是说，你是谁，而不是你做了什么。这可能会使事情变得复杂，我们稍后再展开讲。撇开这一点不谈，听起来你似乎非常认同自己是可靠的，就好像这是你的一部分一样。”

"这是我的一部分。"他肯定地说。

"我很高兴听到你这么说，马蒂。那么对于你提到的其他关键词，你也会说在任何时候、任何情况下，你都会这样吗？"

"是的，我也这么认为。"他承认。

"好的，太好了，简直完美！"我说。"刚才，我说过我会充分解释这个问题的意义，现在我来解释。当我让你向一个陌生人描述自己时，你给了我你的关键词，你真正在做的事情是——不知不觉地——宣告了你的个人价值观，"我分享道，"就像我之前提到的，我以这种方式来提问，是因为有些人很难直接谈论个人价值观。对于一些人来说，这可能是一个太过庞大的问题，他们很难在短时间内回答。"

"有道理！"他说。

"你的价值观体现在你的行为上。"我说。

"体现什么？"

"它们是存在的，它们可以被表现，可以被证明，它们在视觉上是显而易见的，"我说，"如果我一直在你身边，马蒂，你会说我能够看到你迅速、可靠、职业道德、值得信赖、诚实、责任感和能力吗？"

"是的。"

"有时候，大多数时候，还是一直？"

"一直都是。"他说。

"那么，我们是否能够一致认为，你的行为始终符合你的个人价值观？"

"当然。"他说，"这一点我们可以达成共识。"

“我很高兴。”我说，“因为我的确相信，如果我跟在某人周围一段时间，我就能够通过他们的行为判断其价值观。我不需要问他们。你呢，马蒂？其他人呢？你是否相信其他人的行为一直与他们的价值观保持一致？”

他犹豫了一会儿。思考之后，他回答道：“我想每个人都是这样的，就像我一样……我只是以前从来没这样想过。”

“所以，如果你想要更好地了解自己或他人的行为，那你可能需要更好地理解他们的个人价值观，这一点你可以理解吗？”

“是的。”他说，“我完全理解。”

“好，我很高兴你同意这一点。”我回答，“那么，你觉得我为什么要花这么多时间来帮助人们识别和说出他们的个人价值观？”

“呃，我们刚刚提到了，这能够帮助人们理解自己的行为，对吧？还有其他人，也能够理解其他人的行为。”

“是的，完全正确。”我说。“但还有一个更重要的原因，”我建议道，“要不要猜一下？”

“没有思路。”

“好的，没问题。在我们继续往下进行之前，我只是想要确认到目前为止我已经足够清楚地表达了我的观点。”我给他总结了一下，“所有的人类行为都是个人价值观的体现。如果你不理解别人的行为，你就不了解他们的个人价值观。反之亦然。”

“明白！”他说，然后向我复述了一遍。

“好极了！”我说，“我花这么多时间和人们一起明确表述他们的个人价值观的另一个重要原因，是因为他们的个人价值观也是他们的触发器。当人们觉得自己的价值观被冒犯时，冲突就会产生。所以，你遇到的任何挑战你价值观的情况——我称之为危机状况，都会使你情绪激动。对你来说，马蒂，任何挑战你价值观的情况都会成为你生活中的情绪事件。如果别人质疑你是否符合其中某一价值观时，例如别人说你不诚实，或者当你看到别人不符合其中某一价值观时，这种情况就会发生。某些情况可能会更容易冒犯你的价值观。并且，为了有效管理这些危机状况，你必须首先能够识别它们。还记得我刚才问你，你更愿意说自己表现得可靠还是你是可靠的吗？”

“记得。”他回答说。

“我还说这可能会使情况复杂化。”我重复道。

“是的！”他又回答道。

“当你感知到价值观被冒犯时，这种复杂性与反应的情绪强度有关。”我说，“也就是当个人价值观之一被冒犯时，会有多少情绪来激发情绪反应。如果你认为并且感觉某一价值观等同于你是谁，而不仅仅是你表现出来的行为，那么就会比其他情况激发更多的情绪。因此，某些情境可能会比其他情境更为激烈，因为你与特定的被冒犯的价值观有更深的联系。但是，冒犯你的价值观的任何情境对你来说都是一个棘手的问题。只有你了解了什么时候你的价值观可能会被冒犯，才能够学会管理或者消除由此产生的反应。接下来我想和你一起探讨这个问题。”

“太好了！”他说，“我等不及了。”

“在继续进行下去之前我还有最后一个问题。”我说，以便让他有所准备，“你的日子有多平静？”我让这个问题停留了一会儿。在提问与回答之间的间隙，我在猜测他的回答，我回想起我过去的日子是多么不安宁。

他的回答证实了我的猜测。“我的日子？”他问道，仿佛很惊讶我会这样问。“我的日子不平静！”他尖锐地指出，“我的日子里没有安宁！”

现在马蒂已经完成了第一步，宣布个人价值观，他已经准备好更好地理解这些价值观是如何被冒犯的，以及是如何令他在工作和生活中制造和遭受冲突的。我们将在第二步“识别危机状况”时回到马蒂的案例中。

◎ 个人价值观和价值驱动行为（II）

我和大卫（零件和服务部总监）及他的同事们开会，讨论最近的员工调查结果。有一件事大家都很清楚：大卫的分数是所有经理中最低的，他所在部门的分数也是所有部门中最低的。在会议上，大卫列举了一个又一个的理由，对自己的做法过分辩护。很明显，大卫与他的下属员工之间存在严重的分歧，并且从会议来看，这种分歧似乎也延伸到了其他经理身上。会议结束之后，一位经理将我拉到一边。他想让我知道，他认为大卫是个好人，这是他发自内心的想法，而不是表面上的。

“大卫只需要坐在桌子后面处理数字。”他建议道，“他不能与客户或员工打交道，否则的话就会变成一场噩梦。你应该亲耳听听他是怎么对付别人的，简直不可思议。”他总结了大卫的风格——“赢了战役，却输了战争。”

"那他跟其他经理呢？"我问。

"一样。"他说，"他保护自己的地盘，跟大卫来往总是会有输赢，但他不会输。尤其是需要付出一定代价，或者任何他觉得对他自己或者他的部门有负面影响的事情，他就是不想听。"说着他拿出了一张纸："实际上，我们列出了一张表。"

"一张表？"我重复着，有点不确定他是什么意思。

"是的，我们有一张……上面列着不会再与我们做生意的客户名单，因为他们不想和大卫做生意，我真希望我是在开玩笑。"我看得出他是认真的。最终，在将所有事情和盘托出后，他将现状归因于大卫。

从日常工作中，我学到了一件事——使用以下任意一个前缀的人已经陷入了冲突：

· "哦，那就是某某（姓名）。"

· "那是因为某某就是某某。"

每次我听到这句话，我就知道是怎么回事，因为曾经人们也用这些话来形容我。这仿佛给了我一张通行证，使我成为混球、动物、混蛋和疯子。因为我工作表现良好，更加纵容了我的行为，但是，我的所作所为伤害了我周围的每一个人，并摧毁了文化。

健康的文化表现在安全的环境上。人们分享自己的观点而不害怕被批评或报复，他们寻求和接受责任，他们对自己的表现、失败和所有一切负责；不健康的文化充斥着沉默、指责和责备；气氛紧张，不能容忍错误，不服从命令，并专注于寻找错误。虽然我是那个制造自己周围环境的人，但我仍然受到环境的影响。我的自我意识是零，因此我无法看到自己是如何建立并延续这种不健康的文化的。我只知道，我在做着一份吃力不讨好的工作，过着吃力不讨好的生活。我觉得自己每天都在进行一场漫长的争吵——要么是与同事、经理、老板，要么是和客户，并且当我晚上回家时，这种情况继续发生在我和妻子身上。

现在，我关注这些对其他人的描述话语。因为，我知道这是一种经过编码的语言，现在我把它描述为：这只是一个人按照自己的价值观行事。他们的行为明显地体现了其个人价值观。他们不能容忍其他人的价值观，并且把自己的价值观强加于周围的每个人。他们强有力地捍卫自己的价值观，不接受任何可能的冒犯。但最简单的说法是，他正常描述了一个人，被别人认为是有情绪化反应的。这些情绪反应是由缺乏对自我和对他人的意识所驱动和延续的。

在经理会议上，大卫提到自己对下属的工作动力十分失望。他只是觉得没有人有像他一样的动力，他觉得那些人拖了他自己和他的部门的后腿。有好几次，他说到他试图推动现状，但没有任何进展。他谈到尽管自己一直在给员工施压，但无法提高他们的绩效水平，他因此而感到沮丧。他还提到他的员工不尊重时间。在他看来，明明是几分钟就能完成的工作，他的员工非要拖到几小时才完成，甚至，本应几小时完成的又拖到几天，几天又拖到几星期，等等，这最终形成了“时间就是金钱”的经营理念。

在结束与所有经理的初次会议之后，我通常会与每一位经理单独交流。我很高兴，大卫提出要第一个与我交流。我们快速休整了一下，从餐车里拿了杯咖啡，然后重新集合。由于这仅是我第二次来到经销店，也是我与大卫第一次单独交流，我们从一些初步调查开始。大卫解释说，他在这个职位已经有七年了。他觉得自己"从指标上来说"做得很好，但他也的确觉得自己的表现遇到了瓶颈，不知道该如何突破。他觉得自己处于人生的低谷，并提到，除了事业上的问题，他的家庭也遇到了一些问题。

不幸的是，大卫对于个人生活的供认并没有让我惊讶。实际上，如果他的个人生活没有遇到问题，反而使我更加感到惊讶。生活在冲突中的人每时每刻都带着它，在工作中，在家里，在高尔夫球场上,在少年棒球联合会（Little League）的训练中，无论在哪，冲突体现在每件事情上。我们这些生活在其中的人把它像制服一样穿在身上，却永远无法脱下。从这个意义上说，冲突就像我们的第二层皮肤，它保护着我们，但同时也孤立和谴责着我们。

"大卫，在经理会议中，你花了很长时间描述当前的动态……"我说，"但是，我更感兴趣的是你如何描述自己。我将问你一个问题，可能乍一听有点奇怪，但我问这个问题的方式，是带有目的性的。我发现这是从与我工作的人中得到最有帮助的回答最有效的办法。因此，我请求你的宽恕，请配合我。"

"当然！"他和蔼地说，"我很乐意。"

"好的，谢谢！"我回答，"我很感激。那么问题来了。我想让你假装你要向一个陌生人描述自己，你要让对方知道你想让他知道的关于你的一切。请给出六个、八个或者十个关键词。

这些关键词是什么？”

他开始思考，片刻之后开始回答：“我工作，我赚钱，我养家糊口。就这么简单。因此我无法理解为什么我的员工不想这么做。”

我们都陷入了沉默。

“好吧！”我说，“告诉我……”

突然，大卫好似释放了出来：“我的一生都在努力拼搏。小的时候，我送报纸。大一些时，我开始打棒球。如果我不是在打球，我就是在练球。如果我不是在练球，我就是在打球。我知道我必须努力学习来保持大学奖学金。我拼命地给自己施压，总是这样。再说一遍，虽然我知道我已经说过好几遍了，但我就是不明白为什么我的员工不想为自己争取更多？为什么我想要从他们身上得到的比他们想要为自己争取的还要多？这对我来说不合逻辑啊！”

对我来说显而易见，大卫一直在挣扎的一件事就是，他想从员工身上得到的比员工想为自己争取的要多。这标志着大卫是一个伟大的领导者、伟大的经理和伟大的教练。别人看不到自己身上的东西，而他能看到。他能看到那些人能够成为什么样的人，尽管他们自己可能并不能够预见。这种外部视角，这种鼓舞人心的愿景，必然能够鼓舞他人。这能够为他们创造一些有抱负的东西，帮助人们提升自我、加强表现，超越他们所相信自己能够做到的。但是，在大卫的案例中，有一个关键的部分缺失了。

大卫“想要”从员工身上得到的并不是员工想为自己争取

的。从参加调查的员工评论中，我得知，大卫的员工想要努力实现更多工作与生活的平衡，而不是更少。因此，大卫想让员工工作更长时间，以提高他们的收入和绩效，这对员工来说并没有起到激励作用，恰恰相反，它削弱了员工的动力。大卫对他们的要求是他们不想要的，强行要求改变不了这一点。事实上，正如大卫所描述的，它很快就产生了反作用。在大卫的案例中，他的困难主要在于他无意识地把自己的价值观强加于周围的人之上。这一点在我和他的交流过程中得到了清晰的证明。在交流中，他基本上都会说（原话并不完全一致）："我无法理解人们为何不像我一样行事？我不明白为什么别人的行为不尊重我的价值观？我不理解为什么别人想为自己争取的不比我想从他们身上得到的更多？"这种理解上的缺乏纯粹是因为大卫缺乏自我意识，以及缺乏对他人的意识。所以首要的任务是帮助他建立对自我和对他人的意识。

"大卫，听起来你好像觉得自己有很强的动力？"我说。

"完全是这样，我充满动力，我做的每件事，每时每刻都是这样。"

"你有缺乏动力的时候吗？"

"你不太了解我！"他笑着说，"我总是很有动力。"他自豪地告诉我一段经历，从那之后他就变成了一个传奇。"有一年圣诞节，"他开始说，"孩子们已经打开了礼物，我们已经吃过圣诞大餐了，所以我就去上班了。公司关门了，但是我还有能做的事情，有些需要完成的工作。我该怎么办？难道坐在家里看篮球比赛？"

他的最后一句话让我明白，对他来说，这是他所能想象到的最荒唐可笑的事情。“天啊！”我说，“你的家人是怎么想的？”

“他们习惯了。”他耸了耸肩说，“他们并不意外。”

“大卫，我之前让你假装向一个陌生人描述自己，你给了我一些关键词。你说你工作，你赚钱，你养家糊口。我觉得在听了你的圣诞故事之后，你可以把‘驱动’加到你的关键词中。当你给出你的关键词时，你实际上无意中在做的，是宣布你的个人价值观。所有的人类行为都是其个人价值观的体现。从你的行为来看，我很清楚，你的驱动性很强。”

“除了驱动人的行为之外，”我继续说道，“个人价值观在人际关系互动中扮演着重要的角色。个人价值观也可能成为冲突和判断的来源。当别人感觉自己的价值观被冒犯时，冲突就会产生；当人们觉得有人将其价值观强加给自己时，冲突也会产生。两种情况都会导致我们在别人身上制造出一些行为，而那些行为是我们并不希望产生的。如果可以的话，我想和你再深入探讨一下。”

“我没问题。”他说，“开始吧！”

现在，大卫已经完成了第一步：宣布个人价值观。他已经准备好更好地理解将个人价值观强加给他人是如何导致他在工作和生活中制造和遭受冲突的。我们将在第二步“识别危机状况”时返回大卫的案例。

◎ 个人价值观和价值驱动行为（III）

“我想让你今天和服务顾问聊聊！”埃里克说，“那里就像一个战场。”

“热战还是冷战？”我问。

“什么？”

“你说那里就像一个战场。是热战还是冷战？”

“有什么区别？”

“在热战中，攻击性是明显的。除了肢体上的争执，人们还会公开表达不同意见，基本上是争吵，以及随之而来的一切；冷战则是一种更加被动的攻击。表面上看，一切风平浪静，但当有人背对着你时，伤害就已经造成了。”

“这样描述的话，那更像是冷战，而不是热战。梅利莎前几天挂断了一位顾客的电话。她竟然挂了顾客的电话。情况变得如此糟糕，以至于我们开始将星期一称作梅利莎的客户星期一。星期一是最糟糕的，也许是因为我们星期日不营业，所以我们要处理星期六的结转，也许是因为我们星期一超额预订了，总之星期一就是一场噩梦。两名员工——斯泰茜和梅利莎，她们一开始相处得并不好，但现在她们的关系已经恶化到了一个全新的高度。这开始对我们的客户产生负面影响了。你知道，这是我不能允许的。所以，我希望你今天花点时间跟斯泰茜和梅利莎相处，看看能不能解决这个问题。除此之外，她们都做得很好，我想让她们都留下。”

“当然！”我说，“我去见她们，过会儿再来找你。”

“好主意！”他离开时说，“今天下班前我会找你的。”

斯泰茜有空，所以我打算先跟她聊聊。

“嘿，斯泰茜。”我说。这时她走进了会议室。

“早上好！”她回答。

“埃里克让我今天花点时间跟你和梅利莎聊聊，谢谢你抽出时间来。”

“没问题。我们有麻烦了吗？”她用一种聪明人的口吻问道。

“什么意思？你遇到麻烦了吗？”

“嗯，你通常把时间花在‘需要它的人’身上。”她一边说，一边在空气中比画着引号。

“没有人有麻烦！”我说，“埃里克说汽车行业目前遇到了一些挑战，他让我和你们俩见个面，我急于知道发生了什么。你开始适应这份工作了吗？”

“已经五个月了。”她说，“我现在终于觉得自己理解了这份工作。比如我知道该做什么，不需要一直寻求帮助就能够完成工作。这让我和梅利莎的关系缓和了一些。”

“怎么会这样？”

“当我向梅利莎寻求帮助时,她没那么配合……”她吐露道，“她会帮助我，但她会使这个过程很痛苦。这是一种报复……”她说着，声音越来越小。

“报复是什么意思？”我问道。我真的很困惑。

“我们在上一份工作中是同事！”她解释，“当时我们都在RW&B医疗保健公司（红白蓝三色医疗保健公司）。”她说：“我是她的领导，当她被分配到我的部门时，我必须训练她。但是她先来这家公司的，所以这里的情况正好相反。”

“你觉得在上一份工作中你在训练她时很严厉吗？”

"哦,天哪,不!不!"她摇头说,"我尽我所能帮助她成功,这是我的本性。"

"那么,你为什么觉得这家公司就不一样了呢?"

"我认为她觉得我必须付出代价。梅利莎比我早来这里一年,她没有马上被聘为服务顾问,因为她没有任何经验。起初她被聘为服务部门助理,在职位提升之前,她需要做六到八个月的苦差事。我觉得她对我从一开始就被聘为服务顾问感到不满。所以,我确定她觉得我跳过了一步。这就是为什么她让我如此痛苦的原因,因为一开始她也很痛苦。所以,我们相处得并不像我想的那么好。"

"你希望有什么改变呢?"

"我希望我们变成一个团队。我们是汽车服务业中为数不多的女性。我们需要团结在一起,彼此关照。"

"斯泰茜,我的专长就是处理人与人之间的冲突。"我说,"我可以和你分享一些我认为可能有助于改善你们之间关系的事情吗?"

"当然!"她说,"我真的很感激。"

"好的。"我说,"首先,我要问你一个问题,对有些人来说可能起初会有些费解,但我问这个问题的方式是带有目的的。我保证之后会向你解释其中的原委。我想让你假装向一个陌生人描述自己,你要让对方知道你想让他们知道关于你的一切。你可以用六个、八个或者十个关键词。你会选择哪些词?"

起初她很安静。我看得出她在认真思考。

"好了!"她说,"我准备好了。"

“好吧！开始！”我说，“我也准备好了。”

“有爱心，关怀，聪明，有同情心，有决心，有趣，精力充沛……多少个词了？”

“七个！”我回答。

“这些够了吗？”

“太好了！”我说，“这正是我想要的。当我让你向陌生人描述自己时，斯泰茜，你给出了一些关键词。这些关键词其实是你的个人价值观。所以当你回答时，你实际上是在无意当中宣布了自己的个人价值观。理解个人价值观之所以重要，是因为个人价值观驱动着人们的行为。所有的人类行为都是个人价值观的体现。所以如果你不理解别人的行为，这就意味着你不理解别人的个人价值观，反之亦然。当一个人感到自己的价值观被侵犯了，冲突就会产生。或者，如果他感到别人将他们的价值观强加于自己之上时，冲突也会产生。所以，在任何场景中，如果你受到关于有爱心、关怀、聪明、有同情心、有决心、有趣、精力充沛的挑战时，或者你看到有人不符合这些价值观时，那对你来说就是一个危机状况。也就是说，你会因此变得情绪化。这种情绪蓄能会让你要么抑制它——你会退缩，停止交流，感到无助和无能为力；要么宣泄出来，变得愤怒和好斗，攻击性极强。现在你能够将我所说的这些与你和梅利莎的关系联系起来吗？”

“是的，完全可以！”她说，“梅利莎可能更像你说的第二种情况，宣泄出来，而我可能更像第一种，退缩。”

“那么，哪些价值观对你能够起作用呢，斯泰茜？”

“肯定是充满爱心、关怀和同情心！”她回答，“说实话，我的确认为梅利莎应该更有同情心一点。”

“你会根据梅利莎对你‘同情’这一项价值观的尊重程度来评价她，这太正常了。人们的价值观影响我们如何看待这个世界和其中的一切。当你说‘梅利莎应该更有同情心一点’时，那正是你在做的事情。你是根据你认为她富有同情心的程度来评价她的。但是，斯泰茜，你需要记住的一点是，只有当同情存在于梅利莎的个人价值结构中时，她才会表现出同情心。如果她的价值结构中不包括同情，那么她的行为就不会表现出同情。如果她不够有同情心，或者她的行为不够有同情心，那就会冒犯你关于‘同情’的价值观。因为，在你的世界里，所有的人在任何时候都是富有同情心的。因此，任何与之相反的经历都会成为你的危机状况。你会情绪失控，并且基于你自己的认知，你会表现得像一个受害者。这意味着你会退缩，停止沟通，并感到无助和无能为力。”

“但与此同时，无论你和梅利莎——那个让你觉得应该增强同情心的人，经历了什么状况，但当下的场景可能会让她觉得你同情心过强，因为她只是在按照自己的价值观行事。也就是说，从她的角度出发，就她的个人价值观而言，你还不够……所以，在你觉得她不够有同情心的同时，她会觉得你同情心过强。你们都会变得情绪化，觉得对方要么做得太多，要么做得不够。这就是让人际关系变得如此疯狂的原因。每个人都根据自己的那一套价值观来衡量对方。双方都期待对方完全尊重自己的价值观。当事情并未如自己所愿时，你们的情绪都会变得激动。她宣泄出来,而你则要抑制情绪。这就是情绪的疯狂之处。你们都在创造对方的行为，而这是你们都不想要的。”

“试着这样想。假设下面有一堆气球。”我说，“再假设她最喜欢的颜色是红色，而你最喜欢蓝色。你们每人选择一个气球。当她选择气球时，她选择一个红色的，而当你选择时，你选了一个蓝色的。她会因为你选了蓝色的气球而生气，因为她觉得红色比蓝色好。反过来，你对她也很失望，因为她选择了红色的气球。在你的世界里，蓝色比红色好。从你的角度来看，她选的气球不够蓝，而对她来说，你的气球不够红。但事实是，两者没有好坏之分。蓝色不比红色好,也不比红色差,反之亦然。两种颜色‘好’的程度是相同的，但是它们是不同的。如果我不跟她聊聊,我就无法确定她到底怎么了,但这种情况经常发生,尤其是当人们有截然相反的价值观时。以钟表为例，如果你的价值观指向 12 点，而她的价值观指向 6 点，那么两种观点就会直接对立。如果这是真的，那么对方的行为就会与你的行为完全相反。例如，你的价值观之一是有趣，对吧？”

“是的！”她确认。

“让我们假设梅利莎的关键词之一是奉献精神吧。因此，她可能会认为你无忧无虑、享受生活、在工作中获得乐趣的态度是缺乏奉献精神。对她来说，她可能觉得你对工作不够认真。而另一方面，你可能会认为她驱动力过强、太死板、过于关注任务导向……太严肃。现在，假设你的另一位同事价值观关键词是平衡。再以钟表为例，假设平衡指向 9 点或 3 点，在 12 点和 6 点的方向之间。那个人可能会认为具有奉献精神和保持乐趣都很重要，二者需要平衡。所以他在面对有趣和奉献的分歧时，他就不会觉得被严重冒犯，也不会有过激的情绪反应。从选择气球的角度，如果可以的话，那他可能会选择紫色的气球——红色和蓝色的协调。”

“今天就到这里吧，斯泰茜。接下来我要去见梅利莎。当我和她聊完以后，我想再和你们一起聊聊。我们下次再聊。从现在起到那时，我想让你思考一下我们今天聊的内容。你越能够理解自己的行为，并理解这种行为是你个人价值观的直接结果，你越能够认识到其他人的行为只是他们在尊重自己的价值观。虽然你与他们价值观不相同，但你的或者他们的价值观不存在对错或者好坏，它们仅仅是不同而已。因此，承认内在的好和差异并不代表同意、容忍、采纳或接受他们的价值观或者行为，将其变成自己的价值观或行为。这仅仅意味着认识到它是什么，认识到他们的价值观驱动着他们的行为。如果我们能够尊重彼此的分歧，那么就离消除冲突又近了一步。”

随后我见到了梅利莎。她最初的关键词是坚强的、过程驱动和个人责任。这些都支持了我之前的结论，让我确立了关于使她和斯泰茜之间的关系复杂化的根源。在对话中，梅利莎谈到她觉得斯泰茜在很多情况下都不够坚强。而在那些相同的情景中，斯泰茜认为梅利莎不够有同情心，或者过于强硬。每个人都认为其特定的个人价值观更有价值。她们都没有意识到坚韧和同情同等重要。对话继续着，我的目的是帮助梅利莎获得对于自我的意识，同时引导她对斯泰茜的行为进行一些深入的了解。我希望增进的了解能够减少她所看到的行为给她带来的冒犯感，这样一场围绕个人价值观展开的短兵相接的战斗就可以告一段落了。

重复：价值观是底线，触碰就会爆发冲突

“当我们无法改变局面时，
我们的挑战是改变自己。”

——维克多·弗兰克尔[①]

最近，马歇尔·戈德史密斯和马克·莱特尔合作出版了《自律力：创建持久的行为，成为你想成为的人》一书。戈德史密斯是一位畅销书作家，代表作品《今天不必以往：成功人士如何获得更大成功》。同时，他也是艾伦·穆拉利（2006 — 2014年福特汽车公司首席执行官）的私人教练。在戈德史密斯的介绍中，他将触发器称为“任何重塑我们思想和行为的刺激因素”。

他写道：我们每时每刻都被那些有可能改变我们的人、事和环境触发。我们存在的环境是生活中最强大的触发机制。触发器可能来自内部，也可能来自外部。外部触发器来自环境，轰炸我们的五官和大脑；内部触发器来自内心的想法和感受，这些想法和感受与外界刺激无关。

---

① 维克多·弗兰克尔（1905—1997），美国临床心理学家，言语疗法的奠基者。著有《活出生命的意义》。——译者注

我关注的焦点之一就是触发器。但对我来说，关于冲突，触发机制以一种特殊的方式产生作用。在前面的两章中，我们花时间学习了个人价值观的重要性，以及与之相关的行为结果。识别个人价值观至关重要，因为当你宣布价值观时，你也在识别你的触发器。

· 当一个人觉得他的个人价值观被冒犯时，冲突就会产生。

举例来说，假如你的价值观之一是体贴，那么你遇到的任何挑战关于体贴的价值观的场景，或者看到他人的行为与该价值观相反,你的情绪就会“失控”。为什么？因为,在你的世界里，所有人每时每刻都是体贴的！如果有人不体贴，那么你就想将他们驱逐出你的世界。情绪的存在是为了激发行动的。在特定的冲突情况下，情绪的存在是为了提供反应的能量。反应的目的是为了将现状变成我们想要的样子。如果他人不体贴，那就提供了面对这种状况的能量。如果这是对我们体贴的天性的挑战，那么这种能量将武装我们的防御。对于任何其他的个人价值观，以及任何挑战该价值观的场景都是如此。或者当我们看到其他人的行为与该价值观不符时，情绪就会被点燃。

基于个人价值观结构，某些情境会成为危机状况（hot situations）。也就是说，某些场景会更容易触犯个人价值观。例如，我一直面临的挑战之一就是处理我认为不体谅他人的行为。任何我认为别人不体谅他人的场景对我来说都是一个危机状况。这种危机状况可以小到一个人不使用转向灯或者在看到停车标志时不停车。如果我是一个注重规则的人，那么不使用转向灯的人可能会让我以另外一种方式感觉到被冒犯。我可能会觉得他们在藐视法律，故意挑衅。但实际上对我来说，冒犯之处在于这些人让我不得不等待他们采取任何可能的行动，在于浪费了我宝贵的时间。

如果我事先知道他们的意图，我就不必等那么久了——我本可以根据他们的指示来前行。我的感觉是他们的行为让我处于屈从地位，我的感受不值得他们考虑。

同样地，当有人路过停车标志却不停车时，他们总是妨碍那些耐心等待的人。这传递了一种信号，即对方并不重要，但它引发了不健康的竞争。

当人以这种方式被邀请参加竞争时，例如：当给孩子买最后一件难找的礼物时；当结账的队伍已经排到门外时；当上下班路上交通拥挤时；当资源太少，而竞争者太多时……人们往往会加入竞争，并暴露出人性最糟糕的一面。如果我们拼命想要赢，就会导致不健康的竞争，使人们产生分歧。冲突是产生赢家和输家的互动，而且是以直接牺牲他人为代价获得成功。冲突是由情绪引起的反应。当人做出反应时，他不是最好的自己，也不会产生最好和最聪明的结果。所以，总结一下：

· 通过宣布个人价值观，人们可以确认他们的触发器。

· 当有人觉得自己的价值观被冒犯了，或者其他人将他们的价值观强加于自己之上时，冲突就会产生。

· 某些情境更容易触犯个人价值观。为了有效管理危机状况，人们首先必须能够识别它们。

重申一遍，危机状况是个人价值结构的体现。为了管理这些状况，首先必须能够识别它们。就像我研究个人价值观时的工作一样，我学会了在不干扰学员的情况下询问有关危机状况的问题。我只是简单地询问：

·“告诉我能够让你暴露出最糟糕的一面，将你变成你不想成为，但却不得不成为的那种人的场景。” ——见附录

同价值观的要求类似，学员们会花几分钟思考一个场景，然后告诉我这个故事。大多数情况下，这个故事会与他们描述自己时列出的个人价值观挂钩。但偶尔，被冒犯的价值观并不存在。因为在大多数案例中，我们只用三四个关键词，而不是六个、八个或十个。所以我们一起识别它，然后再加进来。这听起来像：

·“谢谢你和我分享这个故事。”

·“我不确定在你之前建立的价值观列表上看到被某个特定行为冒犯的价值观。”

·“在这种情况下，你觉得你的哪种价值观可能被冒犯了？”

·“可以允许我把它加入到你的价值观列表中吗？”

在理想情况下，我们会花时间研究每一个危机状况，并识别出哪种被冒犯的个人价值观引发了情绪。但由于时间的限制，我通常要求学员将发生的状况记录在日志中。这为未来的训练课程提供了充足的内容。

我希望你们（读者）也这样做。

· 请用一种（对你来说）舒服的方式记录下那些将你变成你不想成为，但不得不成为的那种人的场景。

当你冷静地分析这些状况时，你会意识到这些状况之所以有“危机”是因为你给它们施加了情感负担，因为你觉得个人价值观被冒犯了。在本书的最后，你将学会如何将自己从那些曾经控制你的场景中释放出来。

第九章 第二步：提前识别危机状况，做好预防措施

“最重要的是你怎样穿过烈火。”

——查尔斯·布可夫斯基[1]

危机：危机状况及被触犯价值观

◎ 危机状况及被触犯的价值观（I）

“马蒂，我想让你描述一种场景，它会让你暴露出最糟糕的一面。它会让你变成你不想变成，但无论如何都会变成的那种人。”我说，“花点时间，想象一下那种场景，然后把它写下来。”

马蒂花了几分钟，写完后，我请他分享他的场景。

---

① 查尔斯·布可夫斯基（1920—1994），德裔美国诗人，小说家，短篇故事作家。——译者注

“通常是在我有压力的时候……”他说，“比如，有几个人站在柜台前，但这时电话响了。”

“这种事的发生频率有多高？”

“经常发生。”他说，“部门里只有两个人。当菲尔不在时，就剩我自己。我负责零售柜台、批发柜台和接电话。有的时候压力太大了。当柜台前的人需要的东西我恰好没有时，是最糟糕的。”

“为什么那是最糟糕的？”

“因为，当他们知道我没有他们要的东西时，就会有一些恶毒的评价随之而来。”他解释道。

“什么样的评价？”

“通常是比如‘我觉得我们应该有啊。’”他说。

“好吧，然后呢？”

在回答这个问题之前，马蒂的神情表示他觉得我有点笨。

“争吵就是从那时开始的。”他说，仿佛争吵是唯一能够想象到的结果。

“争吵是怎么开始的？”

“当他们说‘我觉得我们应该有啊’的时候，他们的意思是：‘你根本不知道怎么做你的工作！’没有什么比质疑我的工作能力更让我生气的了……尤其是那些连我的工作是什么都不知道的人！我知道怎么做我的工作！”

我停顿了一会儿，等待着能量消退，保持沉默。

爆发过后，马蒂平静了下来，说：“对不起，一想到这些就让我很生气！”

“马蒂！”我开始说，“吉姆（技术员）真的说过‘你根本不知道如何做你的工作’这句话吗？”

“呃，没有，他没说过那句话……但他就是那个意思。”

“好吧，但是他的原话是什么？”

“他说：‘我觉得我们应该有啊。’”

“那么，你是如何把他说的‘我觉得我们应该有啊’理解成‘你根本不知道如何做你的工作’的呢？”

“因为，我经常无意中听到大楼里有人在闲聊说东西用光了，而且他们认为这是我的错。”

“他们觉得你是故意那样的？”我问。

“对，他们觉得我是故意那样做的。”

“那你是故意的吗？”

“不，当然不是。你不可能什么都有。没有足够的空间储存足够的零件，而且运输成本太高。我尽量让使用频率高的零件随时可用。然而技术人员不知道，也不关心这种差别，他们觉得他们需要的任何零件我都应该有。”

“马蒂，我们之前聊到了个人价值观，以及这些价值观是如何影响人的行为，而且——”

“所有的人类行为都是个人价值观的体现！”他说。他的这句话接上了我的后半句。

“是的，完全正确。”我说，“冲突会产生——”

“当有人觉得自己的价值观被冒犯了。”他又接上了我的后半句话。

“我是如何参与这个问题的？”他气愤地问。

“以冲突应对冲突！”我说，“你多久跟自己吵一次架？”

“如果我这么做了，人们会质疑我的理智。”他说。

“这就是重点！”我说，“人们不和自己吵架，吵架需要另外一个自愿的参与者。对你来说，参与者是吉姆。对吉姆来说，参与者是你。如果你们当中任何一方不愿参与，争吵都不会发生。吉姆经历了一个挑战他个人价值观的场景：零件部门没有他完成工作所需的零件。考虑到这种冒犯，他的情绪反应是爆发出来，质疑没有可用零件的事实。这种状况继而成为你的触发器，因为你将他的评价解释成对你工作能力的质疑。反过来，你对他的反应做出了反应，将情况变得更糟，而不是更好。你跟吉姆有多熟？”

“我跟他很熟。”马蒂说，“我们已经共事了很长时间。”

“马蒂，很好……你觉得吉姆会认同你之前提出的个人价值观吗？包括准时/迅速、可靠、职业道德、责任感、诚实、值得信赖和能力？”

“我确信他认同！”马蒂说，“他是最优秀的工人之一……一直都是。”

“具体是哪个价值观，马蒂？”

“当然是能力、职业道德、责任感和可靠。在某种程度上，以上这些可能都是。”

“如果这是真的，马蒂，你们有一些价值观是相同的。当你需要完成一个任务，而你需要的工具不可用时，你会是什么反应？”

“当然，我不喜欢这样。这拖慢了我的速度，让事情停滞不前。”

“这种情况与你的哪个价值观相冲突，马蒂？”

“在某种程度上，可能是所有。”

“对吉姆来说也有可能一样吗？”

“对，我觉得有可能。从责任的角度，我能够理解这给他带来多大困扰。人们需要他完成任务，而他也想要尽快完成。”

“好的，干得好，马蒂……见解深刻。你能想象，当吉姆得知你的部门没有他完成工作所需的零件时，他的回答证明了他只是在回应他的价值观之一被冒犯的事实，而这却会引起你的自我防卫？”

“是的，我现在明白了。老兄，每次和你交流，你总能让我冷汗直流。你明白我的意思吗？”

“在我看来，最大的讽刺是，你们都在捍卫自己的价值观。你们都想把工作做完。你们都想被看作能干、可靠、值得信赖和忠诚的人。我想让你回到当时的场景。想一想当时的状况是如何发展的。想一想你的情绪反应。当你觉得你回到那个场面时，请告诉我。”

“好的。”

“现在，试着想一种不同的反应……一种不会导致争吵的反应。”

“我觉得我本可以说：‘吉姆，你可能是对的。也许我们应该有那个零件。让我们查看一下过去几个月这个零件的使用频率。如果我们对它的需求比想象中更大，那我们就提前储存这种零件。抱歉，我现在没有这种零件，但我会尽快帮你找到的。’”

“完美！现在你觉得情况不一样了吗？”

“我觉得没那么激动，对抗性没有那么强，吉姆也不是那么针对我了。”

“干得好，干得好！你相信自己在未来的真实场景中也能做出这种反应吗？”

“这需要一些努力，但我认为只要像这样努力，下次我就能有所超越了。”

“很好，这是真正的进步。你应该为自己的新观点感到自豪。”

“我们在这上面花了一些时间，马蒂，你也取得了真正的进步。”我说。“不过，我想继续说下去。成功管理情绪反应的唯一方法，首先是要识别引发情绪反应的场景。当你能够识别它们，它们就无法再控制你了。我们没有时间一一识别，但我想再听至少一个故事。”我引导道，“还有哪些场景、环境、互动或人会让你暴露出最糟的一面？”

“另一个部门有个女人叫唐。”马蒂说，“只要一看到她，我脖子后面的汗毛就会竖起来。”

“等一下……”我打断他的话，“你是说，仅仅是想象跟她的互动，你都会出现身体上的反应？”

“是的，没错！”他坦白道。

“哇！”我对马蒂的身体反应感到惊讶。

“你们之间的对话通常是怎样的？”

他的表情不言自明，明确地暗示着，你真的需要问吗？

“你的身体反应背后是什么，马蒂？是什么驱动了身体反应？”我问道，希望他能明确地指出来。

“她总是毫无征兆地出现！”他解释道，“当她需要我帮忙处理订单时，她从来不给我我需要的信息！我已经把价格表给了她的部门经理，但她还是一直问我价格！我觉得她根本不在乎！”

同样，这显然对马蒂来说是一个危机状况。在暴风雨过后，我问道：“关于她的行为，是哪个特别的点引发了你的情绪反应，马蒂？”

“我不知道，这让我很困扰！”他说，“我知道我不能像她那样度过一天，我会失去工作的。”

“所以，我们探讨的是公平吗？”我询问道。

“对，我觉得可能是一部分原因。”他表示同意。

“你觉得她这样做是不公平的吗？就像她侥幸逃过了什么，还是说这更多的与工作能力和投入程度有关？”

“我觉得她应该把工作做得更好！”他马上回答。

“你觉得你现在强调的是哪个价值观？”

“那一定是能力。”

“你觉得能力是唐的价值观之一吗？”

“或许不是！”马蒂说，“除非她将这一点隐藏得很好。”

“如果她的价值观里没有能力的话，那你觉得她看中哪些？”我问。

“她非常善于维护客户和处理关系……人们都很喜欢她。”他说，“总是有顾客给她带礼物：饼干、花、咖啡，等等。”

“好吧！所以也许她的价值观包括温暖、同理心、信任、沟通和服务之类的。”我推测，“马蒂，有没有可能你是在根据你自己的价值观来评价唐？也许将你认为重要的东西投射在她身上，然而当它没有转化为她的行为时，你就会感到失望？”

“我觉得有可能是这样！”他承认。

“如果唐真的不擅长她的工作，如果她能力很差，你觉得她还能那样成功建立并维护客户关系吗？”

“也许不能。”

“马蒂，有没有可能唐确实能力很强，但是她认为能力需要用客户的感受和行动来衡量，而不是用记住你部门的价格表来衡量？”

“现在我明白这有可能是真的。”

“当唐去你的部门，问你价格时，通常是为了她自己还是为了客户？”我问道。

“都是为了客户。”他说，“通常是为了回一个电话。”

“现在你知道唐对她的客户和客户关系有多投入了，马蒂。你能想象一种与她合作的方式吗？这样你就能对她的定价知识更有信心，让她能够更快、更容易地为客户服务了？”

“我觉得我可以花点时间一对一地教她。”

“好主意，马蒂。现在你脖子后面的汗毛怎么样了？”我调侃他。

“似乎没有之前那样让我心烦了。”

“太好了，这就是我们想要的结果。”我称赞道，“干得好，马蒂。短短的几个小时内你已经取得了巨大的进步。”事实上，他真的进步了。

◎ 危机状况及被触犯的价值观（II）

“大卫，我还有一个问题想问你。就像我之前让你向陌生人描述自己一样。”我说，“我想让你描述一种场景，这种场景会让你暴露你最糟糕的一面，它会让你变成你最不想变成，但无论如何都会变成的样子。”

“我已经多次提及那种状况了。”他说，“当我的员工没有达到我知道他们能够达到的水平时。”

“我知道你的部门已经是运营效率最高的部门之一了——基于我目前看到的情况，大卫。”

“这也许是真的，但我们可以做得更好，但是他们必须想要这样。”他说，“但他们偏不，我不明白，我永远也不会明白。”他说的是员工的动机水平。

“大卫，从员工调查中我们得到了一些直接的反馈。从员工群体中得到的最普遍和共同的回应是，他们觉得有点劳累过度。你觉得他们的回答跟你认为他们不够积极的感觉一致吗？”

“我不知道。”他目瞪口呆地回答，“一天中只有那么几个小时是有效率的。我们处在一个幸运的位置，因为生意一直很好，如果员工想要额外的工作内容，我们能够提供给他们。但似乎没人想要。他们讨论的更多的是与家人在一起，而不是努力工作……我只是不明白！我试过了，相信我，我已经试过了。我似乎无法让他们理解我的观点，帮助他们理解尽可能提高工作效率有多么重要。施压也没用……我不知道。我不确定下一步该怎么办！”他说话的语气听起来有点听天由命。

“你对员工了解多少？”我问。

“我了解他们。我是说，我跟他们一起工作。如果你问我是否知道他们在业余时间喜欢做什么，或者他们孩子的名字，诸如此类的，那我真的不知道。我一直不愿意与同事走得太近。”

“大卫，让我们先回到时间的概念上。如果你只有一小时的时间来做事，你会用来工作还是做其他事情？”

“我会用来工作。”他说，“我并不以此为荣，但这是真的。这也可能是家里发生的事情背后的原因。”

“大卫！”我问，“你觉得你的员工会如何回答这个问题？”

“我觉得他们都会选择做别的事情。”

“你觉得他们会做什么？他们会如何利用那一个小时？”

“我相信他们都会和家人、孩子一起度过。”他解释道。

“所以你相信对他们来说，与家人相处的一小时比努力工作一小时更有价值。”我解释道，“但对你来说，就不一样了。一小时的工作更有价值。你觉得你的员工会认为远离家人是一种代价吗？”

“我觉得他们会这么想，但是他们必须谋生。”

“那么你是否认为远离家人是一种代价？”我问道。我承认这个问题具的一定的敏感性。

“不完全是……我总是把工作放在首位，而不是家庭。”他说，口气有些冷淡。

“大卫，你愿意把工作置于家庭之上吗？这是基于你对个人价值观、职业道德、时间和金钱的保护？还是你仅仅不想与员工做同样的事？”

“我从来没这么想过，但我觉得这能够解释很多。”他开始意识到一些东西。

“大卫，更好地了解你的员工的理由之一是，它能够帮助你理解是什么在驱使着他们！”我解释道，“也许他们和你一样有动力，但方式不同。如果你们都能学会尊重和欣赏对方的价值观和不同的视角，你们可能会发现，你们能够完成的事情更多。它可能会帮助你打破你所说的绩效瓶颈。但首先，你需要认识到，有时我们自己需要对在别人身上制造我们不想要的行为负责。当我们将自己的价值观强加于人，并根据我们认为对方尊重这些价值观的程度来评价他人时，我们就会感到失望。冲突的产生不仅仅是由于人们觉得自己的价值观被冒犯了，如果对方将其价值观强加于自己之上，冲突也会产生。如果这是真的，他们自然会做出反应。如果他们在冲突中做出反应，他们就会进行反击。你越施压，他们反击的力度也会越大。这就是情况对每个人来说都变得难以控制的过程。可悲的是，你最终将自己推到筋疲力尽和完全困惑的地步。这听起来熟悉吗？”

“哇……就像你一直在我身边一样！”他说，“就像你一直在我身边一样……”

反应：学会制造情感正能量

“你的问题不是关键。你的反应才是问题所在。”

——佚名

从你的胃开始——轰！轰！你看到，你听到，你感觉到。脉冲以光速从大脑中到达内脏中的某点。在大约二十亿分之一分钟的时间里，信息被编码、传输和解码。这些指令会令你心跳加速、肌肉收紧、身体紧张，进入一种准备就绪的状态……

模拟微量级爆炸，如果恒星演化成超新星时，宇宙发生超级规模的爆炸。在那一瞬间，万有引力——一种不可抗拒的力量，施加了更加长久更加大的压力，导致恒星瞬间坍塌。此时，大量的能量释放出来，以星系极限的速度传播，持续的时间以人类的生命期来衡量。

宇宙意义上的引力和人类意义上的价值观并无二致。重力无处不在，无孔不入，需要时刻警惕。每一天早上醒来后，你都需要在重力存在的背景下思考选择。的确这样。

同样，个人价值观也是如此。举例来说，如果你的个人价值观之一是诚实，那你就不会只有在某个指定的时间点或情况下才诚实。如果诚实符合你的价值观，那你会一直表现得诚实，并对别人抱有同样的期望。这并不是说你总会告诉别人他们的孩子很丑，但是诚实是你的默认设置。然而，面对不必要的破坏性事实，你可能会有意识地将诚实这一价值观与其他的个人价值观（比如善良）融合，从而减少它可能带来的危害。你修改信息的方式仍然符合事实的严谨性，但传达时却要柔和。诚实和善良成为你衡量自己和他人的一种混合方式。

在前几章中，我们详细讨论了个人价值观：如何识别它们，以及当人们觉得自己的价值观被冒犯或者有人将其价值观强加于自己之上时，冲突就会产生。接下来，我们学习了某些特定状况更容易触犯个人价值观，并且为了管理这些危机状况，首先必须要识别它们。本章专门讨论反应的原因、结果和特性。

反应有几种不同的类型。行为心理学家或神经学家可能从一个人的自主神经系统、交感神经系统和副交感神经系统的角度来讨论反应，这些系统协调一致地管理和调节身体，对任何产生威胁的刺激进行生理反应和恢复。撇开这一点不谈，你可能更熟悉“战斗或逃跑”（fight or flight）这种更普遍的描述。“战斗或逃跑”一词由哈佛医学院生理系教授兼系主任怀特·布拉德福德·坎农于1915年创造，现已被纳入《现代流行词典》。坎农在他的著作《身体在疼痛、饥饿、恐惧和愤怒中的变化：对情绪兴奋作用的研究综述》中首次引入了这一概念。

自从100多年前坎农的首次研究以来，对于情绪和身体变化，哪个先出现的问题，一直存在一些不同的声音。与鸡生蛋和蛋生鸡一样，人们对于是情绪引发了身体的变化，还是身体的变化引发了情绪，持有不同的看法。然而对我们来说，既不值得花时间也不值得花精力去研究这个论点，因为对冲突来说，先有哪个并不重要。重要的是，情绪和生理反应在“战斗或逃跑”和冲突中都起作用。

为了消除接下来可能出现的困惑，我将“战斗或逃跑”改成更为合适的训练用词。因此，战斗变成冲突中的反应，而逃跑变成受害者的反应。我们在“准备”一章中讨论了受害者和冲突的能量水平。

从你的胃开始——哦哟！你看到，你听到，你感觉到。脉冲以光速从大脑中到达内脏中的某点。在大约二十亿分之一分钟的时间里，信息被编码、传输和解码。这些指令会令你心跳加速、肌肉收紧、身体紧张，进入一种准备就绪的状态。与此同时，一连串的情绪充斥着你的意识：害怕、激动、愤怒、恐惧和压力。感官都被调动起来，通过异常敏锐的意识监控着一切。这些情感和生理上的变化产生了行动所必需的能量。对于冲突来说，它是人做出反应所必需的能量。

是什么导致了如此灾难性的能量加速呢？答案是一个人的价值观被冒犯。

· 当人们觉得自己的价值观之一被冒犯时，冲突就会产生。

仅仅是看到其他人的行为不符合自己的价值观，或者有人质疑自己的价值观，人就会感觉到被冒犯。例如，以之前提到过的诚实为例。如果一个人的诚实直接被质疑，或者他看到另一个人不诚实，那么他在诚实这一价值观上就会被冒犯。

当个人价值观被冒犯时，在隐喻的天体意义上，那是重力击碎恒星内核的时刻，这种灾难性的反应会摧毁星体本身。轰！在人际关系方面，一旦人的价值观被冒犯，反应立即就会出现。根据人的默认反应方式，这种反应类型可能是受害者或者冲突。受害者会退缩、停止交流、感到无助和无能为力，并认为自己输了。而在冲突中，人会暴跳如雷，变得愤怒、好斗、攻击性极强，并认为自己赢了。

两种反应都是负面的。两种反应会创造赢家和输家。当赢家胜利时，输家会直接付出代价。当我们做出反应时，我们就不是最好的自己，也不会产生最好的结果。这会使反应复杂化，可能会产生情绪劫持，使我们大脑中负责解决问题的部分瘫痪。这让我们为对抗做好了准备，但这与我们想要解决问题的能力背道而驰。

用IPEC课程中的话说，一种反应风格没有另一种那么糟糕，主要是因为一种反应风格更有可能凸显出某人的存在感。这种风格，冲突的能量，比第一种积极的能量水平更进一步。受害者的固有缺点是他不会站起来为自己辩护。对我个人来说，处理受害者的反应是最困难和最有挑战性的。我强烈地反对被限制、被控制或者无能为力的想法。如果我在童年时表现得像一个受害者，那我根本都不会活下来。鉴于这种风格的外来属性，我经常研究阿宾杰研究院出版的《和平的解剖》，它已经成为我最喜欢的研究受害者反应的来源。

那本书中讲了一个故事。一个受惊吓的年轻女孩被父母送到一个地方进行修养，而她事先并不知道自己要去哪里。随后，当她得知自己要在那里生活数周，同时要与那些一直困扰她的恶魔纠缠时，她光着脚逃跑了。路面温度高达38摄氏度。每跑一步，她的脚都感到灼烧的疼痛。研究所的工作人员追逐着她，并让她知道，如果她需要，工作人员就在附近，能够给她提供足够的帮助，但又不会离她太近，对她构成威胁。工作人员还脱下鞋子，跟她一起受苦，让她知道他们愿意和她一起感受痛苦。通过这种方式，女孩逐渐感受到了内心的平和，在此之前她的内心一直处于剧烈的斗争状态。

与处理受害者的反应不同，我在处理冲突时不需要其他协助。长久以来，我都处于冲突之中，就像一个人在他一直居住的地方闭着眼睛行走一样。我能够辨认每一种嘎吱作响的声音，并以此作为我确认物体位置的线索。我能适应失明的环境，行动起来毫不费力。

在冲突中做出反应是因为人们觉得自己的价值观被冒犯了。这种价值观实际上是什么并不重要，重要的是所有人对于价值观被冒犯时的反应都是相同的。轰！冒犯会在被冒犯的一方身上制造情绪。情绪是行动的能量。在冲突的情况下，情绪是反应的能量。被冒犯的一方不相信对方的行为竟然与自己的价值观背道而驰。举例来说，如果价值观是诚信，那么对方可能表现得不诚信。或者对方质疑了被冒犯一方的诚信度。同样，价值观也可以是可靠、决心、友善、真诚、体贴、能力……无论是什么都不重要。反应能量是推动产生防御行为的必要燃料。这种能量让人表明自己的立场，为冒犯者定罪，对抗冒犯行为，代表自己进行肢体上的干涉或者纠正自己所认为错误的事情。被冒犯的一方无法想象自己生活在一个不包含自己被触犯的价值观的世界。这激起了他们的怀疑。这种价值变成了他们身份的同义词。不再是我表现得诚实，而是我是诚实的。因此，当有人质疑这个价值观，或者行为与这个价值观相悖时，对另一方来说,简直就是天旋地转。因为,这种行为是在质疑他们是谁。

没有人愿意生活在这样一个世界：他们不断受到质疑，感觉到有必要不断为自己辩解，以反击自己所感到的他人的偏见攻击。这就是为什么被冒犯的价值观会引发如此尖刻的言辞。这是对感觉到的自我存在的一种控诉。当一个人觉得自己被别人的价值观评价时，也是一样的。

· 当一个人觉得有人将其价值观强加于自己之上时，冲突就会产生。

也就是说，如果一个人的价值观里包含尊重，那么他就会根据其他人对尊重这个价值观的解读来评价他人。如果其他人的行为不符合该价值观，那他就会变得焦虑和沮丧——产生情绪反应。这就是将自己的价值观强加于人的本质。他有一种信念，并依赖于这种信念，即世界上只存在一套个人价值体系——自己的价值体系。这就是为什么提高对自我和对他人的意识如此重要。它能够将我们从冲突带来的并经过自我强化的监牢中解脱出来。

人们经常让我和身边的人合作，尤其是和那些在彼此身上制造出他们并不想要的行为的人合作。这只是一个复合的场景，每个人都在对另一个人做出反应。这就好比网球，来来回回，陷入无尽的循环当中。

此时，我会选择先与其中的一个人开始交流。通常这一过程有五个步骤：

· 让他们向陌生人描述自己；

· 然后让他们描述一个场景，这个场景会让他们暴露自己最糟糕的一面——这通常会涉及另一方；

· 然后探讨他们的默认反应模式；

· 接下来讨论中断反应的认知概念；

· 然后我们将消极的情绪反应转化为积极的回应，一个让他们可以引以为豪的反应。

然后我与另一方重复上述步骤。

这一阶段结束之后，我就会将他们集合在一起，共同交流。

与他们单独进行交流的目的是提高他们的自我意识。与他们共同交流的目的是增强他们对彼此的意识。

当我们在一起交流时，第一件事情就是对比他们的关键词——每个人用来陈述个人价值观的关键词。通常情况下，每个人给我八到十个关键词，可能只有一两个单词是相同的，而大多数关键词差异很大。所以，在把这两组单词放在一起讨论之后，我会对其中一个人说：“嘿，我注意到你的关键词和你的同事不一样。”然后我会问：“所以，你觉得你的同事选择的哪个关键词是不好的或者是错的？”这个问题通常会让他们感到恐惧，然后开始犹豫——请记住，他们是在彼此面前这样做的。但停顿一会儿之后，他们会回答。“啊！没有一个是不好的或者是错的，那是他们的选择而已。”

“好吧！”我会说，“他选择的关键词跟你的不一样，所以那一定是不好的或者是错的。”在某一时刻，他们会意识到我在引诱他们。然后他们会热情地回应。他们会因为对话和有机会表达自己的观点而充满活力。用网球术语来说，这就是头顶扣杀（overhead smash）。对话通常是这样的：

“不！”他们说，“这些关键词不是坏的或者错的。我有我的关键词，他们有他们的关键词。我有权选择自己的关键词，他们也有权选择自己的。我们都有自己的关键词。”

“好吧！”我会回答，“那么，如果它们不是坏的或者错的，那么它们是什么？”

“这是什么意思？”

“我的意思是，它们和你的关键词不同，但是也不是坏的或者错的，那么，和你的相比它们是什么呢？”

这时，他们会有些不愉快，有点因为我的不明白而生气。“它们是什么？”我会重复问。这通常需要一些时间，一点不舒服的沉默，一丝尴尬和一些困惑的眼神。然后回路完成，连接成功。“不同的价值观！”他们说。

在这个过程中，我会提醒他们一些基本的原则：

· 所有的人类行为都是个人价值观的体现；

· 当人觉得自己的价值观被冒犯，或者有人将其价值观强加于自己之上时，冲突就会产生；

· 某些场景会更容易冒犯个人价值观；为了管理这些危机状况，首先必须能够识别它们；

· 当个人价值观被冒犯时，人的情绪会激动；

· 由此产生的情绪会被释放或抑制；

· 如果情绪被抑制，反应就属于受害者类型；

· 如果情绪被释放，反应就属于冲突类型。

我们将重新审视他们所说的让他们暴露最糟糕的一面的场景。我们将试着理解在他们所描述的情境中他们看到的行为冒犯了哪些个人价值观。这既能帮助他们明确哪些价值观受到了冒犯，又能帮助他们理解为什么他们看到的行为会让他们感到被冒犯，进而能帮助他们理解被感知到的冒犯是导致他们承受情绪负荷的原因。

发怒：发生冲突与过激反应

> “所以去吧，突破自己。
> 突破曾经束缚自己的坚硬外壳。
> 回收那些碎片，为自己的未来打下基础。”
>
> ——马克·德怀特①

◎ 发生冲突

当状况变得情绪化时，不好的事情就会发生，我深受情绪负荷所累。尤其是面对那些站在我对立面的人，我对于平衡的概念缺乏理解和实践。我相信你一定很熟悉这句话：“你不能带刀参加枪战。”打个比方，如果我陷入一场枪战，我会带一颗原子弹。我会全部释放这颗原子弹，立刻，马上。回顾过去，我想说我从来都不只是“反应”……我每次都是过度反应。为什么？我把每一次的冒犯都看作是关于我是谁的质疑。这成为我不够优秀的另一个原因。因此，相对其他人管理冲突的能力来说，如果平均的反应强度是 5 分（满分 10 分），那么我的分数会达到 10 或 15。当我做出过激反应时，我似乎是在释放几十年来积蓄的怨恨、愤怒和对生活不公的强烈抗议。这种巨大的能量将被进一步聚焦，让那些碰巧冒犯了我价值观的人震惊，就像带着炸药去钓鱼。

我当时没有意识到，但我仅仅是变成了一个傀儡。我任由

---

① 美国著名登山家。

自己被情绪控制，并无法进行自我管理。我感觉每天都有人在按我的按钮——现在我知道这是在冒犯我的价值观。我长期处于情绪激动状态。实际上，我已经把我的控制权交给了我周围的人，放任他们通过冒犯我的价值观来控制我的行为。我现在所说的 PTSD 加剧了这种状况，让我陷入一种强迫性的高度警惕，让我始终处于防御状态，最终的结果是我的防御对别人来说变成了冒犯。这是最残忍的讽刺，我完全缺乏自我意识，这个盲点——导致我在别人身上制造出我不想要的行为。

我一直觉得，我最主要的任务就是付出——为我自己、我的太太、我的儿子，为我们的生活付出。从我继父揪着我的耳朵，将我带到当地餐馆找工作的那天起，工作就是我养活自己的方式。工作让我自由。我一直有很强的工作能力。我的座右铭是：“比别人工作得更久更努力”。在部队的经历向我灌输了更深刻的职业道德。我刚退伍时，我每天大概有一半的时间在工作。我白天做园林绿化工作，第二班工作是为一家自然食品分销商挑选订单，然后装车直到深夜。这份工作对体力要求很高，并且是按天结算的，不是一份真正的职业或事业，只是一种临时的谋生方式。

我应聘了一个汽车销售的职位。我开始卖汽车，赚更多的钱。第二年，我的收入就超过了母亲和继父的总和。我的工作是按钟点算的，基本上是经销商营业的每一个小时。那段时间，下班后人们会蜂拥到当地的酒吧。经销商晚 9 点关门，酒吧凌晨 2 点关门。我们经常待到酒吧打烊，然后第二天早 7 点又回来上班。喝酒已经成为生活的一部分，那时在喝酒这方面我已经很专业了。但喝酒从来不会妨碍工作。这是我在部队里学到的。

在波尔克堡驻扎期间，我们周末休息。通常我们会去查尔斯湖、休斯敦、加尔维斯顿、科珀斯克里斯蒂、巴吞鲁日、什里夫波特或者新奥尔良。流程都是一样的。我们会先去酒吧，喝得酩酊大醉，开始或结束一场争吵，然后回去训练。我很擅长同时进行体能训练（physical training）和呕吐。喝酒是一种生活方式。我从来没把它当作一个问题。这是因为我并没有意识到另一个盲点。这本应该是显而易见的；当时是有迹象的，而且那些迹象并不微妙。很多次，我在酒吧外的人行道上醒来，却不知道自己是怎么到那里的。我记得有一天早上，我在一辆皮卡的座上醒来。天已经亮了，但天色尚早。几个女孩路过，看到我躺在卡车的座上。她们看了我一眼，说:“哇……哥们儿，你看起来像坨屎。”照镜子时，我才明白她们在说什么。我的脸上全是血。我的眼睛裂开了，脸上的血已经干了。我的脸已经没那么疼了，但是看起来更糟。我依稀记得前一天晚上被什么东西打到了。但这些对我来说都无关紧要。我需要缝针，清理干净，然后回到军营。这只是又一个周末而已。

这段时间，以及接下来的几年，是我人生中最危险的时期。我没有什么可失去的。对我来说，早晨是否醒来无关紧要。我唯一能够用来保持镇定的机制，在喝下第一杯神风特攻队[1]或者

① 神风特攻队，鸡尾酒名，以伏特加为基础酒配以橙味力娇酒、冰镇干白葡萄酒等配料制成。

加冰的绝对伏特加[①]后就消失了。愤怒本身就已经是个大问题了，但是伴随着饮酒而来的约束力丧失和认知障碍，引发了白热化的、一触即发的连锁反应，随时准备爆发，即使是最轻微的刺激……所以我经常在酒吧里和人发生冲突。

我参军的目的是加入"绿色贝雷帽"[②]，即美国陆军的精英特种部队。当我参加美军参军入伍考试[③]时，招聘人员问我觉得自己的表现如何。我记得我告诉他我觉得考试很简单，而且我还记得他脸上的表情。"确实很简单，孩子。"结果，我的成绩的确达到了最佳水平。这意味着我可以在军队里选择任何工作。我也参加了国防语言水平测试[④]，成绩也达到了最佳水平。当时我可选的工作一个是在印第安纳州本杰明·哈里森堡的会计工作，另一个是到加州大学洛杉矶分校国防语言学院学习一年的语言。当我问招聘人员参加哪份工作能让我进入特种部队时，他说我必须先加入步兵。他说在新兵训练营的时候，我将有机会参加跳伞学校，即空降兵跳伞训练。在此之后，我可以加入游骑兵学校进行训练，参加陆军战斗领导课程——小型部

---

① 绝对伏特加，一种高档伏特加品牌，创立于1879年，总部位于瑞典。

② 绿色贝雷帽是美国陆军特种部队的称号，是美国进行非常规战的主力部队。它是美国第一支正规化的特种部队。这支部队一般以12人的分遣队独自作战，该部队具有很强的独立作战能力。

③ 美军参军入伍考试，直译为军队职业能力测验，简称ASVAB，主要测验应试者的科学知识、数学运算能力、单词量及英文阅读能力。

④ 国防语言水平测试在美国军队决定文职雇员和现役军人在战备、奖励工资、培训等任务分配时发挥重要作用。

队战术。如果我能通过所有这些训练，那我才可能有机会加入特种部队。我毫不犹豫地让他帮我报名。在军队里，我们有句话叫：“战争方案拟定得再好，第一枪打响之后也得重新调整。”迈克·泰森[①]有句名言：“每个人都有自己的计划，直到被一拳打在嘴巴上。”我的军旅生涯有点像泰森所说的那样。在新兵训练营,因为一个陆军实验“队列计划”[②]需要整个部队一起训练，所以整个部队被运送到同一个勤务地——我们不能自愿去跳伞学校或游骑兵学校。我们在毕业时接到命令，我们都要去洛杉矶的波尔克堡——成为机械化步兵。

当我到达勤务地时，连长告诉我，我将先去往位于新泽西州蒙莫斯堡的美国军事学院预科学校，然后再前往西点军校就读。我的通用技术得分[③]在军营里名列前茅。他说,他们会处理好我的材料，让我为即将到来的一年做好准备，同时告诉我不要太过懈怠。在此期间，我需要帮他开车，处理一些杂务。这段时间内，我代表单位参加了在华盛顿举行的美国陆军协会会议。我送往西点军校预备学校的包裹没有赶上最后期限，所以连长说我当年去不成了，第二年再去。他又说了一遍：“不要太过懈怠。”最后，当我的包裹到达预备学校时，我没有被录取。

---

① 迈克·泰森（1966—），前重量级拳击职业选手，创造了“泰森时代”。

② 队列计划的目的是让士兵们在从基础训练到退休（如果适用的话）的整个陆军生涯中保持团结，以促进部队凝聚力、军事准备和家庭稳定。

③ 通用技术是美军参军入伍考试中的一个领域，是对单词知识、段落理解和算术推理能力的一种衡量。

这并没有让我感到震惊。我是一个糟糕的学生，并且在最关键的那一年，我几乎没有上高中。我忙于打工。我从来没有退缩，我一定可以。我在暑期学校得了很多A，但我对申请和取得好成绩一点也不在乎。在被西点军校预备学校拒绝后，我又回到了常规军队当中，继续我的部队生涯。就在我服务期满之前，我得到了特种部队医疗兵的培训机会。当时我已经有些失望了，于是决定不延长服役，到私营企业试试。我的服役经历是十分光荣的。我获得了两枚陆军嘉奖奖章，五枚陆军功绩奖章，一枚陆军专家步兵徽章，被评为当月最佳士兵，并在不到三年的时间里跻身士官①的晋升名单。如果我没有省下假期来缩短服役时间，那我就能获得一枚品德优良奖章。我服兵役的时间不到三年，而获得这一荣誉需要三年整的服役时长。

当我在酒吧遇到我妻子的时候，我可能并没有感到惊讶。我们在高中的某一年上的是同一个西班牙语课。在度过了漫长的一周后，我决定去喝一杯。酒吧里挤满了人，酒保根本不理我。我立刻被激怒了，开始在空中挥舞着一张百元大钞，想引起他的注意。喧闹声中，我听到她说："我可以帮你。"

"很好！"我说，"太感谢了。"

"吉米，"她叫道，"我需要一杯酒。"

我们聊了一会儿，约好第二天去海滩约会。约会那一天是

---

① 士官，亦称非委任军官，属于士兵序列。美国士兵分为9级，其中1–3级为士兵，4级以上则成为非委任军官（空军从5级开始）。4–6级为初级非委任军官，7–9级为高级非委任军官。

阵亡将士纪念日[①]的周末。不到三个月，我们就订婚了，不到一年我们就结婚了。我妻子的父亲一直在与癌症做斗争，他希望看到女儿在他去世前结婚。他去世时46岁，我们握着他的手，直到他咽下最后一口气。从那杯酒开始，直到我们结婚，有很多次我完全失去了控制。只要来点酒，我仿佛就会立马变成混蛋。我们的关系已经恶化到了一种地步，她坚持说，如果我继续喝酒，她就离开。这是最后通牒。在她和酒之间我只能选择一个——这个命令拯救了我的生命。

工作变成了一种新的嗜好，如同嗜酒一样，我没日没夜拼了命地工作。汽车行业的长时间工作一直是个挑战。我把用来工作的时间看作是履行我的供养义务。供养是我的价值观之一。因为我父亲从来没有养育过我，所以除了死亡之外，世上没有任何力量能阻止我供养我的家庭。

我的职位晋升很快。25岁时，我就已经从一个汽车销售员，到财务和保险经理，再到销售经理，晋升成为总经理。经销商的老板有3个孩子在公司任职，并拥有其他7个分店。他的大儿子是首席执行官。大儿子想从他父亲那里买一家经销店。他向我提出，我可以用7.5万美元买10%的股份。我们将在十五年内彻底改变行业的格局。我们决定根据公司的业绩表现进行交易支付。我用一个亲戚的房子申请了抵押贷款，同时把自己的房子作为额外的抵押来筹集资金。有了这笔钱，我准备完成

---

① 阵亡将士纪念日是为纪念在南北战争中阵亡的将士，时间根据各州的不同为5月30日或5月最后一个星期一。

这个交易。在交易完成前不久，罗得岛股票与存款保险公司，即该州非联邦存款保险公司[①]（FDIC）信贷联盟的保险公司，被发现已经资不抵债了。

1991 年 1 月 1 日，州长下令所有非 FDIC 和非国家信贷联盟署的信贷联盟将立即无限期关闭。经销商集团的所有运营账户都在一个被关闭的信贷联盟中。不久之后，集团申请了第十一章破产保护[②]。后来，它被转换为第七章，清算所有剩余资产。我一直坚持到了最后。在破产期间，我在一位银行托管人的指导下行使着我的部分代理权。没有他的允许，我们甚至不能给汽车加油。那一年的早些时候，公司的首席执行官正在进行一场磋商，准备收购新罕布什尔州一家经销商集团。他一直在为购买两架贝尔喷射突击直升机议价，以便在罗得岛和新罕布什尔州之间往返。他开着一辆路特斯"精神 - 涡轮增压"跑车[③]，偶尔也让我在周末开这辆车过把瘾。如果这个月业绩不错，我们的奖励就是到他在新罕布什尔州卢恩山的公寓里度周末。那是一种努力工作，同时也尽情玩乐的文化。然而，一眨眼的工夫，这一切都烟消云散了。四百名员工里，最后只剩下我自己。

---

① 联邦存款保险公司是美国联邦政府的独立金融机构，于 1933 年设立，总部位于华盛顿，负责办理存款保险业务。

② 《美国破产法》第十一章是在法庭的保护之下在满足债权人债权要求之前，给予公司时间重组其业务及 / 或资本结构。进入第十一章破产保护程序的公司业务照常进行。

③ 路特斯是世界著名的跑车与赛车生产商，总部设在英国，于 1952 年成立，隶属于吉利集团。"精神 - 涡轮增压"为路特斯的一个跑车系列，20 世纪 90 年代名声最为显赫。

除了经销商集团的困境，首席执行官前不久还开了第一家生态友好型车身修理店，配备了最新和最伟大的绿色科技：为油漆工人装备的新风系统、再生水和过滤系统、水性油漆和溶剂，以及为任何危险废弃物准备的特殊修复设备。它有 2.5 万平方米医院级的洁净空间，具有流水线般的生产力，以及军事级别的精度。当经销商正常经营时，它生意很好。但在申请破产保护后，情况发生了变化。车身修理店也有关门的危险。有一天，我正在和店主聊天，他是我在经销店的潜在合作伙伴。

“我付不起房租了！”他说。

“多少？”我问他。

“二万五千块”。

“我有钱！”我说，“我可以帮你。我知道你会还我的。”

所以，我又拿出了两万五千块。这为他赢得了又一个月的经营时间。到头来，这些钱的作用微乎其微。车身修理店还是倒闭了。几年后，他以汽车的形式偿还了我的部分钱款。

不仅丢了工作和还损失了两万五千美元，我还有新的抵押贷款要付，而且我抵押的是我亲戚的房子，这让我压力更大。我穿梭于其他的经销商之间，想找找机会，但每一家经销商的情况都不一样，我找不到适合我的工作。

大约在这个时候——可能是圣诞节、新年，也可能是二月，我的生日诅咒来了——几位客人来我们的公寓作客。客人中有我的邻居和他的妻子，我的潜在合作伙伴和他的女友，还有一些我们以前的高中朋友。天色已晚，许多人已经离开。我的邻居对剩下的客人说我“自以为什么都知道”。我们整晚都在喝酒。

对于邻居的话，我本来可以一笑置之，但我却没有这么做。我妻子曾告诉我，有一天他没有事先告知、未经邀请就到我们的公寓来了。她刚洗完澡，他就进来了。因为这件事情，我对邻居已经处在了愤怒的边缘。

因此，当我一听到邻居对我的调侃，我马上叫他滚出我的房子。就像老鼠从潜伏的猫那里跑开一样，所有人都散开了。当所有人都走了以后，在一个不寻常的自我怀疑的时刻，我觉得或许我本可以把这件事处理得更好。我想我应该去向邻居道歉，所以我去隔壁按了门铃。门一开我就被打了一拳，速度快到我都没有看到整个出拳的过程。然后门又关上了。我一直没有机会道歉，被打之后，我变成了“那个家伙”。我记得我试图踢门进去，这时有人报了警。

警察来问我家房子的主人是谁。我妻子一直对他们说她是户主，但他们不相信她。她那时只有二十出头。他们一定以为那是她父亲的房子。我记得我告诉他们我是那所该死的房子的主人。他们说，他们收到了邻居的投诉，正在处理骚扰。在我看来，他们只是把情况弄得更糟，所以我仍然斗志昂扬。他们威胁要逮捕我，我告诉他们，不管他们是否逮捕我，我都不在乎。不出所料，他们给我戴上手铐，把我送到当地警察局，对我进行处理，然后把我关进拘留所，让我反思几个小时。我在被释放的时候见到了警长。由于我当时不便接听电话，因此警长作为我的代表接听了我朋友的电话。警长告诉我如何应对审讯，如何处理扰乱治安的指控，以及如何在一年后将其撤销，我做到了。

就在这个时间前后，我的继父死于间皮瘤，留下母亲独自一人。虽然我和他从来都没有十分亲近，但他对母亲很好。他对她的精神疾病有一种特殊的耐心和宽容；而我从来没有这样做过,因为我自私地想要一个“正常”的母亲和“正常的”生活。我记得我小时候，有一次母亲在接受治疗。我告诉一个朋友我妈妈疯了，继父就把我打得屁滚尿流。母亲在继父去世后得到了很多财产，因为他的死因是石棉接触，他是在罗得岛昆锡点造船厂工作期间接触的。母亲是个能变出钱来的魔法师，似乎能从 1 美元中拿出 25 美元来。当我 16 岁的时候，她带我去了银行，让我将存下来的钱中的一部分用于存折贷款。她帮助我建立了信用，使我能够在 23 岁时买到我的第一套房子。

我和母亲做了一笔交易，向母亲借些钱来开公司。我将以更高的利率偿还她，这将增加她每月的现金流。这对她和我都有好处。我花了几个月的时间办理牌照、挂标牌、安装设备，并填充了最初的库存。1994 年 1 月，我的二手车销售和服务公司开张了。第一个月的销售额就超过了 10 万美元。我已经花了几年时间学习如何经营新车经销店，所以我也用同样的方法建立了我的二手车生意。唯一不同的是，这次我必须学习服务业务。

当我得知，卖汽车时每 1 美元的销售收入利润只有 7 美分，而修汽车时每 1 美元的销售收入利润能够达到 70 美分时，我就爱上了服务行业。从那以后醒着的每一个小时，我都在思考如何发展服务业务。我们测试了许多不同的促销活动，但效果都不太明显。在上了一节宏观经济学课，了解了供需关系及需求价格弹性之后，我有了一个主意，那就是推广一项亏本的空调活动。我们愿意以 49.95 美元的价格提供汽车空调系统的服务，包括为系统重新注入多达两磅（907.18 克）的制冷剂。当时制冷剂（R12[①]）的价格是每磅（453.59 克）25 美元。两磅制冷剂，不考虑劳动力和设备成本的情况下以零售价格出售达到收支平衡是不可能的，这次促销立即引起了轰动，它给公司带来了大量的空调业务。有几个月，我们每天每半小时安排一次空调服务。

周围的汽车公司都认为我疯了。我很高兴他们这么认为。但我们掌握的是，平均每辆车的修理费是 800 美元，而不是 49.95 美元。制冷剂很少能解决空调问题，通常是硬件的问题，如压缩机、冷凝器、离合器、线圈、高边线、低边线、O 型圈等。很多人都愿意让我们更换掉这些零件，让自己在 32 摄氏度的天气里保持凉爽。然而，也有许多人不愿意，或者不能换那些零件。许多人根本付不起 800 美元、1000 美元，有时甚至是 1400 美元来维修系统。我讨厌赚不到钱的感觉。我一直在找一个方法，以便从这一收入流中赚取更多的利润。

一个下着雨的星期六，我妻子说：“你需要为修车提供融资服务。”除了教书，她也在店里帮忙。当我不在的时候，她就负责管理。她总是能对一些棘手的事情给我一些有见地的、实用的建议。我认为这是个好主意。于是，在接下来的周一早上，我开始给银行打电话。一个接一个的银行都说他们不做那种融资。我灰心丧气，最后打了几个电话。当我打给的最后一家银

---

① R12，二氯二氟甲烷，常温下为无色气体，是一种使用方便、安全的制冷剂，广泛应用于各种制冷系统中。由于破坏臭氧层和温室效应，目前 R12 已经属于国际和国家禁止使用的冷媒物质。

行询问这个问题时，这家银行立即回答“是”。在听到将近100次“不”之后，我重新问了一遍，以确保他们听明白了这个问题。“是的！”他们重复。为了更好地了解整个流程，我和分行经理约好了时间见面。他们与我们签约，给了我们一个商店ID，并提供了一些物资，让我能够在现场提供融资。我们可以在十五分钟内开通信用额度（最高可达1万美元），并向客户提供九十天免收货款和利息的服务。之后，客户将收到邮件，里面有一张只能在我的经销店使用的个性化信用卡。

我们立即将融资服务落实到空调业务中，为每位客户提供分期付款的机会，如果在头三个月内付清，则不收取利息。这个服务受到了热烈欢迎。我们了解到，人们倾向于将过去多次购买的东西合并和加速，变成一次“现在就做”的购买。当顾客使用自己的信用卡、个人支票或现金时，平均每单销售额由200美元增长至800美元。这意味着销售额增加了600美元，利润增加了420美元。这次促销取得了巨大的成功。我想弄清楚如何向公众推销它。我知道这可能成为我们差异化的主要方法，所以我想建立一个品牌。于是我注册了商标：立即维修&稍后付款®。

基于我们在小生意上的成功，有一天，我妻子说：“你需要想办法把这个商业模式卖出去。”我从来没有想过这一点，但当我有了这个想法时，我很快意识到，如果注册一家新车经销公司，投资回报可能是巨大的。”我妻子有传播学学位，在成为一名英语教师之前曾从事广告工作。她建议我们试着写一个关于我们自己的故事，来引起人们的注意。她开始努力让我们在两家主流的汽车刊物——《汽车新闻》和《汽车时代》上获得认可。与此同时，我开始考虑如何将这个概念包装给潜在的买家。我最终模仿了软件行业一次建成，多次出售的模式。在有了商标之后，我想如果我可以简单地授权商标的使用，我就可以建立经销商和银行之间的关系。

我再次与分行经理见面，以推测他对此事的兴趣。和任何一位企业经理一样，他急于增加企业的收入和利润，因此他非常配合。巧合的是，大约在同一时间，我妻子在我们公司接到一个来自几个城镇外一家修理店的老板的电话。他说他听到了我们的广播广告，也愿意为他的客户提供融资。我妻子约好去见修理店老板，进行我们的第一次销售。走之前，她问我："要卖多少钱？"我说我不知道，然后我们就开始讨论，应该卖多少钱。我们最终决定，加盟商第一年支付 3000 美元，之后每年续费 1000 美元。那周晚些时候，她与修理店老板见了面，带着 3000 美元的支票回来了。这张支票着实证明了我们关于销售流程的理念的可行性。这种方法本身在我们的业务结果中得到了验证。

带着新的信心，我在汽车行业的旗舰刊物《汽车新闻》上刊登了一则七行字的分类广告。在全国每个经销商老板的办公桌上都有这本杂志。"想象一下，你的销售业务无法为你的客户融资。再想象一下你的服务业务可以为客户融资。立即维修 & 稍后付款®！"，以及我们的免费电话号码。电话响了。我们授权的第一家汽车经销商是位于纽约瓦尔登湖的一家雪佛兰经销商。不久之后，《汽车时代》的编辑联系了我的妻子。他们说他们有兴趣写一篇文章。有了奇尔顿的承诺，她联系了《汽车新闻》，让他们知道他们可能会错过这个故事，因为我们已经与另一家杂志社达成了协议。她成功地引起了他们的兴趣，并安排我接受专访。

接下来的几年让人应接不暇。在两年内，我们授权了 46 个州的经销商。最初，我们使用的是银行的分行网络，但由于每个分行都要遵守其所在州的法律，这使得情况变得复杂。这就需要在每个州都有不同的程序来充分遵守该州的规则和条例。有一次我们去了大约 15 个州，银行建议我们把业务组合转移到一家姐妹公司，因为这家姐妹公司有一个全国性的章程。全国性章程的重要性和优势在于能够在全国范围内“出口”利率，而且这些利率只受一套法律的约束。这让我们得以统一行事方式。那时，互联网也刚刚兴起。作为技术的早期采用者，我接受了互联网，以及它为远距离做生意提供的便利。在那之前，我一直在亲自前往授权使用该流程的每个地方。一次出差二十五天对我来说并不稀奇。我记得我在达拉斯租了一辆车，租了六个星期。当我还车的时候，我已经开了约 15000 千米了。除了减少差旅费，我还改变了收费结构。我们将 3000 美元的初始加盟费用降低到 495 美元，并改为每月 199 美元的开放续费，而不是一年一次的续签。任何使用——提交信用卡申请、接受信用卡付款等——都会自动延长协议期限。前期成本的缩减降低了感知风险，并增加了签约经销商的数量。

由于数百家经销商使用了这一流程，公司的现金流非常充足。因为初始加盟费就能覆盖我们的初始成本，所以每月额外的收入流属于净利润，赢利能力强大。现金流和赢利能力让我走出了我给自己挖的坑：我首先偿还了亲戚房子的抵押贷款，然后偿还了母亲为我创办公司而借给我的贷款。

不幸的是，母亲没能活到这笔钱全部还清的那一年。多年来，她一直在与癌症做斗争。在第四次斗争当中，她输了，皮肤癌转移到了她的肝脏。她去世前的那个星期天晚上给我打过电话。我当时在得克萨斯州，参加在该州高速赛道举行的纳斯卡车赛[①]。旅程长达二十五天，这是我消磨时间的一种方式。她问我什么时候回家。我告诉她我星期三坐飞机回家，到时候我会去看她。她挂电话的时候说："旅途愉快！"她语气好像是要过好几个星期才能再见到我。我说："妈，过几天我就回家了，到时候见。"

"好吧！"她说，"再见。"那是我最后一次和母亲说话，或者知道她还活着。

第二天，星期一，我醒来时胃疼得厉害。当天我计划在得州奥斯汀的一个经销商集团安排一个业务。我从来没有误过工，尤其是当我在路上的时候。我的意思是从来没有，永远。但那天，我疼到无法工作。我以前从未那样误工，从那以后也没有。那天我就是没法工作。我打电话给我的办公室，让他们重新安排当天的业务。

星期二早上，我接到一个电话，是我妻子打来的。我母

---

① 纳斯卡车赛是一项在美国流行的汽车赛事，起源于美国南部。每年有超过 1.5 亿人次现场观众观看比赛，有人称它为美国人的"F1"比赛。

亲前一天晚上陷入昏迷，没有反应。她让我尽快回家。我花了十四个小时才到家。当我到家时，母亲已经去世了。我不确定那个星期天母亲给我打电话时是否能感觉到什么，但现在我只希望我能重新回到那次对话中。你永远不知道你对别人说的最后一句话会是什么。我和母亲的最后一次交流本来可以更温柔，更体贴……更有爱。我常常希望那周一的胃疼是在让我承受一点她的痛苦，并在某种程度上减轻她的痛苦。她的一生过得很苦，理应有个轻松的结局。如果让我说真话，那我会说，我有一部分不愿意陪在她身边，作为对我小时候她没有陪在我身边的报复。她的贫穷常常使我生气，因为我从来不允许自己贫穷。她的贫乏总是使我相形见绌。这种对自私、怨恨和任性的遗传或许是惊人的，斗争始终存在，完美地描述了冲突的本质。在我儿子 4 岁生日那天，我们埋葬了我的母亲，这给本应值得庆祝的事情蒙上了一层阴影。然后我们开始妥当安排她的后事。在我和妻子打扫她的房子时，我妻子发现了母亲留给我的一张纸条：里克，我永远爱你——妈妈。

利润带来了竞争。这是一个既定的经济原则。随着立即维修 & 稍后付款®的发展，我们开始得到一些汽车制造商和大型银行的关注。很快，通用汽车公司在他们的通用古德伦奇[①]项目中增加了九十天的支付选项，福特汽车公司也在他们的质量关怀项目中增加了同样的选项，美国第一银行还推出了一款名为

① 通用古德伦奇是通用汽车公司用来销售汽车零部件和提供售后服务的业务部。

“第一汽车关怀”的产品。工厂的现场代表开始要求他们各自的经销商取消与我们的合同，并开始使用他们的工厂品牌项目。这开始对我的业务产生负面影响，并造成持续的动荡。幸运的是，我预料到机会即将消散，并按照我的方式履行了退出计划。我母亲的去世让我的人生有点泄气，“9·11 事件”又让我的人生之旅变得痛苦。那时我还没有上过大学，这是我一直想做的事情。在可预见的未来里，我的公司将继续获得现金流，所以我的时间属于我自己。36 岁时，我成为一名全日制大学的大学生。

我的导师说他从来没见过有人像我这样认真地完成一个学术项目。在开始之前，我断断续续地上了几年课，积累了大约 30 个学分，然后在两年内修了 90 个学分，拿到了会计学学士学位。我在每个暑假和短假期内尽可能多地上课。我以优异的成绩毕业,并取得了本专业最高的学分绩。在本科最后一个学期，我上了七门课，同时准备 GMAT（经企管理研究生入学考试），这是被研究生院录取的必要条件。

我的本科生涯并非没有挑战。有时，就像工作或生活一样，环境让我把最坏的一面暴露出来。工作从来不会成为挑战——与人相处才会。我记得我参加了中级会计的期末考试。教授给我们划了关于考试内容的大概范围，但随后又明确说明了考试不包括哪些内容，以便让我们能够把精力集中在那些宽泛的领域。但是，当我坐下来考试的时候，我在试卷最后几页发现了他所说的并没有包括在考试范围内的内容。我立刻被激怒了。他之前明确告诉我们不需要复习的内容现在出现在了试卷上。

我认为这非常不公平。除此之外，它还会对我的成绩和学分产生负面影响。因此，我一看到这个内容，就从椅子上跳起来，和他当面对质。我记得他说：“你在耍我吗？”我告诉他我认为这是多么的不公平，我并不欣赏他的做法，然后坐下来完成了考试。

考试结束后，他把我拉到一边。他问我发生了什么事。我告诉他我对考试内容不公平的感受。他告诉我不要担心，我的成绩是全班最好的。他问我为什么这么生气，并建议我需要冷静一下。他认为我给自己的压力太大了。他所说的这些都跟我没有任何关系。就像我生活中的其他事情一样，我觉得这是一个关乎生存的问题，而他却在搅和这件事。

第二个学期，我选修了高级会计。在第一节课上，我记得教授说，在她的课堂上拿到 C 和在其他老师的课程中拿到 A 一样优秀。她还规定，某些学习材料只能在校园里、在监督下、在特定的时间内阅读。当时我是走读生，去学校单程大约 45 分钟。我不喜欢为了遵守她的规定而往返 90 分钟的时间。当我问她这件事时，她一点也不关心这对我的影响。“就是这样！”她说。我觉得她非常不体谅人，并毫不掩盖这个事实。我主动提出退课。她说我不必这么做，但没有采取任何措施来解决这个问题。最终，在我的整个大学生涯中，我在这门课上拿到了最低分，只有 C+。如果有人给我处理这种情况的方式打分，那我会得 F。

我修完了商学院会计学项目的所有必修课程，然后在收到录取通知书后，我顺利地进入了全日制 MBA（工商管理硕士）

学习。我在 18 个月的时间里以 4.0 的学分完成了研究生学业，获得了工商管理硕士学位。对我来说，求学过程很容易，我只是例行公事。每节课我花半天的时间学习和做作业。我把它当作一份工作，而我一直都很擅长工作。我想攻读博士学位，并与我感兴趣的一个项目的负责人见了面。我得到了有条件录取[①]，但在正式入学前，我退出了。我觉得自己不能再花 5 到 7 年时间来满足这些要求。相反，我参加了商业智能高级研究生课程。

我不确定如何才能重新进入职场，也不知道我最终会做什么，因为我只了解汽车行业。因此，我上大学是为了在汽车行业之外给自己一些选择。有一天，我突然接到一个邀请我去面试一家国内汽车制造商的流程咨询职位的电话。我对此很感兴趣，并预约了一次面试。我很幸运地得到了这份工作，在接下来的几年里，我与经销商们一起致力于流程改进计划，这将对他们的客户满意度产生积极的影响。

我被分配到罗得岛、马萨诸塞州和康涅狄格州地区，与 22 家经销商合作。在一些经销商中，他的负责人与同一家商店合作，但分配给他们的却是其他品牌产品。偶尔，我们会见面，有时一起工作。我和另一个人共同对接一个经销店，这个经销店的维护费用很高。经销商的员工经常在晚上和周末给我们打电话。

---

① 有条件录取是指学生在申请某一所大学时，在招生办或者院系评审阶段，部分条件未达到入学标准，但其余条件均符合申请学校的入学资格，学校可能发给此类学生带有附加条件的入学许可，要求在一定时期内达到所有条件标准，再发放正式录取通知。

对此，我真的没有任何问题，因为我为自己的及时响应感到自豪。接着我开始接到关于另一个品牌的电话，那原本是另一个人负责的。他们给我打电话，因为那个人不给他们回电话，也不回他们的电子邮件。我会尽力回答他们的问题，但我不喜欢做别人的工作。

每个季度，我们都会去底特律待几天，与汽车制造商见面，参加研讨会，与同事们在一起，分享最佳做法。在其中一次访问中，我向项目经理表达了我对自己需要处理另一位负责人的业务的不满。这是我第一次在企业界的经历，我完全忘记了公司政治的概念。当我没有得到我所希望的反应时，我继续喋喋不休。我只是觉得她不明白，所以我想表达我的观点。虽然事情没有达到完全恶化的程度，但是显然已经“不好”了。我只是不明白她为什么会宽恕那种行为。后来，我得知那个负责人最近被诊断出患有癌症，正在接受治疗。他不想声张，所以没有公开。项目经理为他担心，担心他的健康和他的家庭，而我实际上是在不知不觉中攻击他。不幸的是，伤害已经造成。我变成了一个麻木不仁的混蛋。我本来可以运用智慧和交际手段的，但我却没有。在那种微妙的情况下，我变成了一个笨拙鲁莽的人。我不明白其中的细微差别。我想完成一项工作，而且只是完成一项工作。如果你挡我的路，我就会把你撞倒。

我记得我对她说，“我只是实话实说”，或者类似的话。当有人说，“我只是说出了我看到的”“我实事求是地说”，或“我需要说”，那潜台词就是“我相信我的观点是唯一的观点”“不可能有另一个观点，尤其是和我的观点不同的观点”“情况就是这样，因为我就是这么说的”“对我来说就是这样，而且只有这样”“你再怎么说它是不同的，也改变不了我的看法”“你越想告诉我这是不同的，我就越想告诉你你错了，并为我的观点辩护”。不幸的是，仅那一次互动就让我疏远了整个团队。不管怎么说，大家觉得我是汽车零售行业的害群之马。虽然许多负责人从未在那个行业工作过，但将有这种背景的人视为一种劣势。

又在经销商那里做了几年咨询之后，我发现自己想念零售汽车业务。然而如果我完全是诚实的人，我真正想念的是赚钱的机会。那时生意很好，经销商经理的收入是我的 3 到 4 倍。我已经离开零售行业好几年了，但我觉得可能是时候回来了，我要最大限度地增加我的收入。信用卡业务仍然能够给我带来现金流，这增加了我的收入，但由于我几年前就停止了经销商的加盟，现金流每个月都在减少。我知道在未来的某个时候现金流就完全没有了。我得到了去一个大型的区域经销商集团工作的机会。该集团当时有大约 40 家经销商，几乎所有品牌都有代表。我和集团的老板见了面，他说他的总经理的年收入都在 25 万美元以上。我觉得这个赚钱的机会是值得的，于是我到了那家公司就职。

起初，我被派去与该集团下属的一个进口经销商的总经理共事，公司离家不远。我花了大约四个月的时间来学习经销商集团的工作方式、工具、流程、政策和程序等。然后我被分配到一家表现不佳的商店。这家店在前一年亏损了约 33 万美元，因此资金不足。这家经销店是由一位在几小时车程之外经营经销店的总经理远程管理的。他每周会去店里一两次，但考虑到他的其他职责，每周一两次的时间是不够的。在他不在的时候，员工们尽最大努力管理这个店铺，享受着他们的自主权。当我到了那里，开始找到问题所在时，他们很不高兴。他们都开始用自己的方式考验我，试探我的底线。我有一些每天都要做的事情：晚上拉下拉手以确保所有的车都锁上了，每个人回家之前都要把第二天可供交易的汽车开到店门口，这样第二天一早顾客就可以来选购了，等等。

有一天，我让一位销售人员做点什么……我现在都不记得让他做什么事了。但我记得的是，他告诉我他不会去做。起初，我只是让他再做一次，他又说他不会去做。所以，我开始气血上涌，我用一种真正的混蛋的方式，继续告诉他，他将要做什么，否则他就要滚出去。然而，他除了告诉我他不会去做之外，我还能看出他在准备与我对抗。我一点也不害怕，但他在向我靠近，并尽可能地对我产生身体上的威胁，而这一切就发生在展厅的中央。有那么一瞬间，我只能用足球术语来描述，当一队防守的前线队员从对方进攻队员那里得到身体上的暗示时，那些进攻队员的动作就决定了防守队员的反应。我做出了反应。这是无意识的，欠考虑的。我举起双手，掌心向外伸向他的胸膛，把他推开。过了一会儿我才清醒过来，我能看出他脸上的震惊。在我的生活中，我经历过无数次的争吵，但在类似的争执中，我从来没有跟别人发生过肢体上的冲突。

在这一天剩下的时间里，我们解决了这个问题。我们坐下来讨论这件事。我们都道了歉。他说他不确定这份工作是否适合他。我告诉他我完全理解，并欢迎他留下来。我在他身上看到了自己没有的能力，但如果他留下来，他就得按我说的去做，因为这是工作的一部分。这是不可协商的。我理解他对工作是否适合他的怀疑。我自己也怀疑它是否适合我。我觉得自己不适应公司的文化，而公司的业务让我表现出了最糟糕的一面。如果将来有人让我描述人生中表现最糟糕的阶段，将我变成我不想成为，但无论如何都不得不成为的那种人时——我的回答便是这段日子及随后的几个年头。

作为总经理，我做的第一件事就是向控股公司申请 25 万美元的贷款，这样我们就能继续经营下去。在我接手之前的一个月，经销店只卖了 9 辆二手车。对我而言，这是最容易解决的问题。在 60 天内，我们的经销店就卖出了近 40 辆二手车，每月都有盈利。我每周工作 7 天，我的目标是挣 10 万美元。至于奖金那就是天方夜谭了，因为仅仅将赤字降至零的时候我是拿不到钱的，只有在赤字由零变成盈利的时候我才能拿到钱。我一直接到其他工作机会的电话。我和执行副总裁相处得不好。每次见到我，他都会提到我的 MBA 学历：“你为什么要读 MBA，我就没读过 MBA，看看我。”正如盖洛普[①]所言，我现在也在宣扬：人们不会离开公司，但是会离开经理。如果员工与直接上级的关系破裂，该员工将离开公司。我就是这么做的。

我得到了一个在离家更近的地方工作的机会，而且我所在的州规定所有的汽车经销商星期天都必须关门。这至少会把我

---

① 盖洛普是全球著名的商业市场研究和咨询服务机构，由著名社会科学家乔治·盖洛普于 1935 年创立。

的每周工作时间从 7 天减少到 6 天。这家公司的老板以脾气暴躁而闻名——这是对他这个该死的疯子的一种礼貌说法——但他是一个白手起家的人，从底层做起，一步步往上爬，这一点让我很尊重他。我到那上班的第二个星期六，卖出了 18 辆车。这没有创造经销商的纪录，但已经很接近了。当知道总共卖出了多少辆车后，他问：“我们卖出了多少辆新车？”那时我就感觉我有麻烦了。我的薪酬计划是以毛利润为基础的；我一点也不关心有多少新车、二手车，或者有多少乘用车、卡车、SUV（城郊实用汽车），它们是什么品牌，这些品牌的哪些型号……这些对我都无关紧要。对我来说，重要的是我们卖了多少钱。但对他来说，这确实很重要。他为自己是全州第一的品牌而自豪。

事后看来，我得说，当我接受那份工作的时候，我真是跳出了油锅，又掉进了火坑里。我们有完全不同的经营理念，我们永远无法调和。他对人很严厉，比我还严厉，这说明了一些问题。一个星期六的早晨，他像飓风一样冲了进来，激起一阵漩涡。他看到沿着大楼的一侧，有一辆车略显出列。他从侧门走进来，掀翻了最近的那张桌子，声嘶力竭地骂我们又懒又笨，根本不注意细节。他有时会非常激动，甚至会一边说我们是白痴，一边口吐白沫，还说他可能会用他的妻子或孩子来取代我们。我发现自己试图成为他和员工之间的一个缓冲，这是非常滑稽的，因为人们通常需要躲避的是我。

当他因为员工一个小的违规行为而大发雷霆时，我不会在一旁煽风点火，而他认为这是一种软弱。他觉得我是在保护别人。我只是觉得没有必要去欺负那些弱小的人。如果我想找人打架，那一定是和房间里最坏的混蛋。那个人就是他，并且我做到了。既然那是他的地盘而不是我的，如果我们中有一个人必须离开,也不会是他。事实如此……大约八个月后,我离开了。但我想，我保持这一纪录的时间比其他任何局外人（他们这样称呼我）都要长。然而，这个经历积极的一面是，它给了我一个机会，让我能够发掘自己的另一面。他是唯一一个能像我那样在失控时大发雷霆的人。我记得那是我第一次这样想：也许我的反应不是太好。

在那里的第一个星期六，我遇到了一场大暴风雪。大雪会让汽车行业的生活变得极为复杂。清洗，移动，在清理完空地后重新放置，这并不罕见。当我们都在外面做这些事情的时候，一个服务顾问惊慌地给我的手机打电话。服务部的记录区天花板塌了，水从屋顶涌了进来。电脑有被水永久损坏的危险，许多纸质文件已经被毁。服务经理和我决定爬上屋顶，铲掉那部分建筑的雪，寻找可能已经形成的冰坝。我的妻子打电话找我，我试图向她解释正在发生的混乱。当时我在屋顶铲雪，没时间和她说话。后来，我给老板打了电话，因为我想他应该知道发生了什么事。几个小时后，他来了，问我是否已经通知服务部门的每个人星期天上班，这样我们就可以在星期一早上准备妥当了。我说我没有,所以他就通知了大家。"听着！"他说，"明天大家都要上班。我们需要在星期一之前把这个地方打扫干净，所有人都要尽力，就这么做。"然后他就走了。我们其余的人直到午夜以后才离开。

深夜下班是家常便饭，经销店直到晚上 9 点才关门。那时，我们的大楼里经常还有顾客。如果能在 9 点半或 10 点前出来，那就已经很幸运了。老板喜欢总经理在早上 7 点前到经销店。他每天早上都会打电话来检查。晚上 10 点或 11 点回家，然后早上 7 点回来工作，包括单程一个小时左右的通勤时间，这让这份工作变得异常艰难。虽然老板给员工支付丰厚的报酬，但同时也把薪水当作武器。如果你接受他的薪水，那他会觉得他是你的主人。我几乎从未请过假，我觉得向老板请假是一件很痛苦的事情。我记得有一天，他在我休息的时候给我打电话，问我怎么不在店里，他十分愤怒……潜台词是，如果你想保住工作，就赶紧给我滚回去上班。这样的工作时间开始成为一种家庭矛盾。我从不在家。我妻子一直在工作，努力抚养我们的儿子。我知道她有时觉得自己像个单亲妈妈。她讨厌这个行业，主要是因为她第一次见到我在这个行业时我的表现：工作到闭店，然后去酒吧，待到打烊，睡几分钟，然后继续工作。我辞掉了一份每周工作四天的工作，重返零售行业。她不同意这个决定，但没有阻止。

在经历了无数个每天工作 14 个小时、每周工作 90 个小时的日子之后，如果我妻子提起我在家的时间太少了，我就会立刻情绪崩溃，爆发出来。“你以为我这周都在干什么，搞个该死的派对？我得支付那些该死的账单。你以为谁会付账单，你吗？”我的反应总是一样的：凶猛、激烈、侮辱、谴责和辱骂。我肯定我妻子不知道我为什么会变成一个如此好斗的疯子。当时我也不明白。如果有人敢问我花了多少时间来供养我的家庭，我就会愤怒至极，稍微提一下都会火上浇油。她会提醒我她也在工作，那就像往油锅上倒水一样。“太好了，你想让我在家的时间长一点？我要辞掉我那该死的工作，然后我们就会无家可归。我们要共用一辆破车，把孩子送进公立学校。你高兴了吗？你想让我做个家庭煮夫，拥有硕大的屁股，瘫在沙发上看电视，吃冰淇淋！”她经常说她不喜欢我和她说话的方式。写这篇文章时，我无法想象她是如何仍然能看到我最好的一面。我永远不会忘记她是如何继续爱我的，即使在我最糟糕的时候。有一次，我问她为什么要嫁给我。她说，她看到了我的潜力。我希望我能更早地发挥我的潜力。很抱歉，这些年来，我本应该做得更好。

现在，我完全明白发生了什么。我已经成为处理这类反应的专家。我的价值被冒犯了。我的反应会越来越强烈，这取决于这种被冒犯的价值在某种程度上是否与我不够好有关。如果当时我明白我的妻子只是在尊重她的价值观（也许是家庭、和谐或保护），那么我就不会把她的行为理解为人身攻击。我本可以理解，也许我冒犯了她的价值观，也许她在做出反应。这种反应，反过来，在我身上创造了她不想要的行为，并导致我们两个相互反应，陷入一个连续的、无休止的循环。

然而，了解冲突最自由的事情是，如果你不参与冲突，它就不可能存在。就像解决一个超级难搞的问题一样，关键在于理解你是如何参与冲突的，并停止参与。中断反应是大脑思考的一种功能，在被情绪劫持时，大脑会停止思考。就像一列火车驶近一个铁路道岔一样，为了掌握冲突，一个人必须训练自己（没有双关语的意思）有意识地选择一条轨道而不是另一条。一条路导致反应错乱，而另一条导致更明智、更有效的结果。我们将在“避免”一节中深入探讨这个问题。

第十章　第三步：避免他人行为引发情绪过激反应

“有些人似乎总是很生气，
不断地寻找矛盾。
走开就好；他们不是在和你战斗，
而是和他们自己。”

——佚名

“我不能再和他共事了。”克里斯指的是布莱恩，“我宁愿一个人工作。他不会做任何我让他做的事。如果他不同意我的决定，他就不想采取与这个交易有关的任何行动。他真没用……原谅我的粗鲁。”

“什么时候情况最糟？”我问。

“当我们在做交易的时候。他总是想插嘴……表达他那不值钱的观点。”

“比如说，如何插嘴？”我问道。

“我不知道，他会含糊地说些什么，‘别忘了利率，别忘了这家银行或那家银行，别忘了退税改了，别忘了这辆车或那辆车’，我会说，我知道……闭嘴吧！你难道没有别的事可以做吗？然后我想让他来完成这笔交易，但他却不想参与其中。要我说，这家伙就是个废物。”

“你觉得他为什么会提出这些建议呢？”我问。我想了解克里斯对布莱恩行为的解释。

“他一定以为我不知道自己在做什么。你知道，我不需要那样的帮助。”

克里斯显然是情绪失控了。他十分痛苦，没有意识到他是在冲突中做出的反应。他认为布莱恩的行为是故意冒犯。这种情况对他们不利，对经销商也不利。最重要的是，如果不能解决这个问题，他们中的一个或两个都必须离开。对我来说，这种情况简直是稀松平常。我一生中经历过千百次冲突。现在对我来说已经非常清楚了，但我一直在与冲突做斗争，直到 46 岁时才解决这个问题。同与冲突做斗争的个体共事非常容易。但是，当冲突涉及两个主体时，它又增加了另一个层次的复杂性。步骤是一样的，但需要先与一方单独合作，然后再与另一方合作，最后再让他们一起解决这个问题。

所以，我从克里斯开始。“克里斯，我想让你假装在向一个陌生人描述自己，你要让那个陌生人知道你想让他们知道的关于你的一切，用六个、八个或十个关键词描述。这些关键词是什么？”

他选择关键词十分艰难，于是我们一起按照句子的内涵总结出了关键词：个人责任（掌控局面）、坚韧（不放弃）、控制（我知道自己在做什么）和情境意识（注意事情）。

“好的！很好！”我说，“谢谢。克里斯，如果布莱恩和我们在一起，我问他同样的问题——向一个陌生人描述自己，你认为他选择的关键词会是什么？”

“我不知道。”他边想边说，“也许是家庭，他似乎不想加班。也许是独立，他不会做我告诉他的任何事，也许是固执……”

对话没有如我所愿，所以我必须让话题回到正轨：“克里斯，让我们重新开始。我想提醒你一些发挥作用的因素。首先，请记住，所有的人类行为都是个人价值观的体现。无论布莱恩在做什么，也不管他所做的有没有意义，布莱恩都只是在依照他的个人价值观行事。如果你不了解别人的行为，你就不了解他们的个人价值观。反之亦然，如果你不了解他们的个人价值观，那他们的行为可能对你毫无意义。你觉得这适用于布莱恩的情况吗？”

“是的。”他承认。

“识别个人价值观很重要，原因如下。第一，一个人觉得自己的个人价值观受到冒犯时，就会产生冲突。第二，一个人觉得有人将其个人价值观强加在他身上时，就会产生冲突。但第三点是，当你声明你的个人价值观时，你也在识别你的触发器。更复杂的是，有时我们的反应会在别人身上创造出我们不想要的行为。克里斯，你一直在说布莱恩不会照你说的去做。”

“嗯，不应该吗？”他打断了我的话说，“我是他的老板。”

“当然！”我说。我也不想把事情弄得更糟：“我想说，员工听从老板的指示是一种正常的期望。但是，我觉得你们之间可能有一些特殊的情况。我可以和你分享一些事情吗？我认为这些事情会使你们之间的关系复杂化。”我需要征求他的同意，否则他可能处于防御状态，这样我们就不会取得任何进展。

“当然！”他说。

“克里斯，刚才你说了一个非常重要的词。”

“我说了吗？”

“你知道那是什么词吗？”我问他。

“不，不太知道。”

我想了一会儿，说：“你说“不应该”——布莱恩不应该照你说的做吗？”

“好吧！”他说。他的语气明显表明他不知道我在说什么。

“你猜这个词是什么意思？”我说。

“我不知道。”他说。他紧接着发出一阵紧张的笑声。

“这个词可以表示判断。也就是说，当我们听到自己使用这个词时，它会提醒我们，我们可能会根据自己的个人价值体系来评判他人。如果你知道布莱恩很可能会尊重他的个人价值观，而不是你的价值观，你会感到惊讶吗？”

“不，当然不！”他完全理解地说。

“好的，那么，你可以想象，期望并相信布赖恩的行为符合你的个人价值观而不是他的价值观，这是多么疯狂的事情吗？”

“是啊，我想这是有道理的。”他一边说，一边继续把脑海里的点点滴滴串联起来。

“所以，如果你不了解布莱恩的行为，你肯定也不了解他的个人价值观。每当你听到自己说应该的时候，你实际上是在说别人的行为——在这个例子中，是布莱恩的行为——与你的个人价值观不符。如果这是真的，你的个人价值观就会受到冒犯，你自然会情绪失控。一旦情绪失控，你要么会以受害者的模式做出反应，要么会陷入冲突。你觉得你更倾向于退缩、停止交流、感到无助和无力，还是会猛烈抨击，变得愤怒、好斗、好争辩、攻击性极强？”

“我绝对不会退缩！”他回答。

“好极了！”我说。“你能认识到自己的这种行为是件好事。当你做出过激反应的时候，你就不会成为最好的自己，也不会产生最好的结果，你会在别人的身上制造出更多你不希望发生的行为，而不是鼓励他们的合作。武力和力量是有很大区别的。”我继续说道，“武力，只能得到一时的顺从。当我告诉你怎么做时，就照我说的去做，否则就滚出去。我说了算，我是老板。它最多只会让你得到勉强服从——也就是说，对方的表现会达到最低水平，暴露给你他们最差的一面。而另一方面，力量会激励他们的表现，设定期望，与他们携手合作，让他们达到目标。此外，力量帮助他们实现他们从未相信自己能实现的目标，帮助他们提升自我、塑造自我。”

很多时候，管理者对待员工就像咨询顾问对待企业一样。顾问来到公司，进行了某种分析，确定了一个绩效差距，给出了一个解决方案，然后试图让每个人都执行这个想法。这一切都牵扯到顾问本身，牵扯到他们的背景、他们的经验、他们的想法、他们的解决方案，以及他们的议程。然而，真正的事实是，如果有人不想做这件事，那么知道如何做这件事就无关紧要了。咨询师并不能让他们想做这件事，这就是为什么咨询往往不能持久的原因。一旦顾问离开了，执行他们的解决方案的动力也就消失了。员工也一样，如果他们不想做某件事，那么这件事就不会被完成。

教练关注的是学员是否变得想要去做。找出我们所有人内在的驱动力，并与其合作，帮助实现对他们的人生来说重要的事情。让学员和目标联系在一起，然后工作就变成了让他们实现这些目标的方法和途径。在这种情况下，他们倾其所有，奉献他们所拥有的一切。一旦他们明白，他们在工作中的表现必然与他们能否实现人生目标有关，你就会得到他们的充分配合。他们会把你拉向他们，而不是让你觉得你需要推动他们。“你觉得你需要推动布莱恩吗？”

“当然。”他毫不犹豫地说。

“好吧，所以我的建议是试着和他深入探讨一下。”

“他难道不应该为了钱而工作吗？”他反问道。

我没有再指出“不应该”这个词，而是建议说：“每个人都是为了钱而工作。他们挣的钱能够维持生活，但他们工作不只是为了钱。工作本身必须有回报。如果工作本身没有回报和成就感，钱就永远都不够。人就像电池。如果人和工作匹配，他们具备工作岗位需要的能力，他们喜欢与他们共事的人，喜欢他们的领导，他们相信他们的个人价值观能够适应他们工作的组织，他们擅长自己的工作，这样他们就会觉得自己充满了电量。

这会让他们保持活力，这将使他们能够长期从事这项工作。反之，则会耗尽他们的电量，让他们精力耗竭。他们的表现会受到影响。他们要么自己选择离开，要么你最终会要求他们离开。然而，最有效的方法还是试图理解他们想要在人生中实现什么，然后与他们合作，帮助他们实现这些目标。你觉得这适用于布莱恩吗？”

“我不知道。”克里斯说。他的语气似乎在说，只要一想到和布莱恩的对话，他就会愤怒。“他可能想要取代我。”他稍稍停顿了一下接着说，“你是教练，你觉得呢？”他带着一丝屈尊俯就的微笑。

“我会和你分享我的想法，然后提供一个关于我所说的内容的例子，但我不会让你那么容易就摆脱困境。我们今天讨论的内容对你的未来、对布莱恩的未来、对经销商的未来都很重要。我要再问你一次，所以我希望你认真考虑一下。我的父母在我1岁的时候就离婚了。”我说，“我在27岁的时候和我的父亲重逢。我们从来都没有真正地建立关系，现在也没有。因为我从未和父亲有过关系，所以我和儿子的关系对我来说是生命中最重要的事情之一。自从他出生以来，我的使命就是给他一个比我更好的人生开端。克里斯，你觉得我会允许什么阻碍我为儿子提供一个比我更好的人生开端吗？”

“阻碍，那是什么意思？”他回答说。

“你觉得如果我今天早上遇到交通堵塞，情绪很糟，我会放弃给他一个更好的开始吗？”

他摇了摇头。

“如果今天下雨，你认为我会放弃吗？如果天气太热、太冷、下雪，或者我的航班延误，你认为这些事情会阻止我为他提供一个更好的开始吗？”

他一动不动。

“死亡，”我说，“死亡是唯一能从肉体上阻止我为他提供一个更好的人生开端的事情。而工作是我为他提供更好开端的方式。我对任何能让我更有效率、能提升我的表现、产生更好结果的事情都非常感兴趣。为什么？因为，我在工作上越成功，我儿子的未来就越光明。你能看出我对那个目标有多执着吗？如果你是我的老板，而我表现不佳，你能看到了解我目标的力量吗？那么，你和我的谈话，将不仅仅是关于我可能因为工作不达标而被老板扣钱。你可以温柔地提醒我，我是在拿我儿子的未来冒险。知道自己对这一目标有多执着，并重新将自己与之联系起来，比仅仅强调失去了一些工资要有用得多。每个人都有人生目标。挑战就得花时间进行投资，去了解每一个为你工作的人的目标是什么。所以，回到最初的问题上来，那些对布莱恩来说重要的事情是什么？”

“我不确定。”他说，“我从来没有想过。我需要和他谈谈，把这些事情弄清楚。”

“好的，棒极了。听起来是个不错的第一步，”我称赞道，“在那之前，我们还有一些工作要做。克里斯，我们之前和你谈过你的价值观。然后你解释了一种情境，这种情境往往会暴露出你最糟糕的一面。你所描述的情境与你在做一笔交易时的情况有关。在这期间，布莱恩会提出建议，而你会……”我在等他接下我的话茬。

“我想我会痛骂他，对吧？”他说。

“是的，我想我们都同意，在那种情况下，你容易发脾气。你认为是什么导致了你情绪的爆发？”我问他。

“我的价值观被冒犯了！”他试探地说。

“好极了。是的，你的个人价值观之一被冒犯了。”我说，“是哪一个价值观？”

“哇……哪一个？”他重复道，“我从来没想过这个。”

“好吧，现在让我们一起来思考一下。”我指导道，“你说他提出建议后，你会回答说，‘我知道’和‘你难道没有别的事情可以做吗？’在你的个人价值观中——个人责任（掌控局面）、坚韧（不放弃）、控制（我知道我在做什么）和情境意识（注意事物）——你认为哪个被冒犯了？”

“我觉得可能是控制——我知道我在做什么，或者是个人责任——掌控局面，或者两者兼而有之。”

“好的，很棒。布莱恩的什么行为违背了这些价值观？”

“他告诉我一些我已经知道的事情，他只是拖延了交易。当销售人员在柜台的时候，我不想让他们感到困惑。一次只能有一个人完成一笔交易。我不想让他插嘴，所以我叫他闭嘴。”

“你觉得他的行为是故意的吗？”我试探地问。

“是的，一定是这样，”他说，“他每次都这么做。”

“你觉得当时的情况会变得情绪化吗？”我问他。

“当然，我很生气！”他说。

“好吧，我明白了。”我说，“我们先聊到这吧，我想和布莱恩聊聊，然后我们需要一起聊聊。”

“好吧，够好了。”他在离开时说。

“嘿，布莱恩，你好吗，老兄？”

“你好吗？”他回答说。

“迈克尔让我今天花点时间与你和克里斯聊聊。”我说，“你们俩之间的气氛如何？”

“不太好。我们合作得不好。”

“怎么回事？”我尽量以轻松随意的语气问道。

“我们就是会发生矛盾，你知道吗？”他说，“我们的风格不同。他是个控制狂。他不让我靠近桌子，更别说交易了。你知道，我是销售经理。那是我工作的一部分，而他想做成每一笔交易。我试着给他我的意见，你知道，我想帮助他。但他不感兴趣，他不想听。他只是叫我闭嘴。然后他会问我是否还有其他事情要做。然后，如果销售人员不能完成交易，那他会让我跟进并完成交易。而那个时候，这笔交易走上了错误的方向。当我无法参与决定交易的走向时，我就不会对它负责。这是不公平的。然后，如果我没有完成交易，他就会责备我。我想说，‘这是你安排的。如果交易没有成功,那不是我的错。’但你知道，他是老板。我不能那样对他说，他会发疯的。”

“布莱恩，如果可以的话，我想和你一起更深入地探讨一下这个问题！”我请求道。

“当然！”他说,“如果你能给我提供帮助,我将不胜感激。”

“好吧！让我们从头开始。为了证明这一点，我要问你几个问题，这些问题可能听起来有点奇怪，但我问这些问题是有目的的。随着对话的展开,我会将这些点联系起来。准备好了吗？”我向他确认道。

“准备好了。”他说。

“布莱恩，我想让你假装你在向一个陌生人描述自己，你想让那个陌生人知道你想让他知道的关于你的一切，用六个、八个或十个关键词。这些关键词是什么？”

和克里斯一样，他选择关键词十分艰难，于是我们一起按照句子的内涵总结出了关键词：乐于助人（我想要帮助和贡献）、授权（对环境有一定的控制）、责任感（对结果负责），以及感觉被重视（对自己价值的认可）。

“太好了，布莱恩。谢谢你！现在我想让你描述一种场景，这种场景往往会让你表现出最糟糕的一面，把你变成你不想变成，但无论如何都会变成的那种人。”

“在公司还是在家？”他问我。

“都可以。”我回答，“这不会影响我们的对话，你决定。”

“好吧，既然我们要谈工作，那就谈工作吧。”

“可以！”我说，“是什么场景？”

“我给你两种猜测。”他说，“我们刚才提到过。当我和克里斯在柜台时，他坚持做每一笔交易，而不让我参与，让我对我没有发言权的事情负责，让我闭嘴，贬低我，轻视我。这是最坏的情况。我只想收拾东西回家，你知道的。我觉得自己没有价值。”

“好的，谢谢你的分享，布莱恩。刚才，我说过我会问你几个问题，然后在我们交流的过程中把这些点连接起来。现在我就会告诉你这些点是如何串联起来的。”我向布莱恩解释了个人价值观、反应和触发因素，就像我向克里斯解释的那样，“这些听起来熟悉吗，布莱恩？”

“听起来你很清楚地描述了我和克里斯之间发生的事情。”他说。

“你觉得这些理论是如何应用在你们之间的？”我问。

“首先，克里斯会在冲突中做出反应。他会爆发出来。而我的反应更像是一个受害者。我确实感到无能为力。在别人身上制造行为，他对我就是这样。”

“在这里起作用的个人价值观是什么，布莱恩？”

“对我还是对克里斯？”

“对你。”我回答。

“呃，应该是乐于助人。他不需要我的帮助。”他沮丧地说。

“当我和克里斯见面时，他说他认为当你试图提出建议时，你这么做是因为你不认为他知道自己在做什么，对此你会感到惊讶吗？”

布莱恩惊呆了，叫道：“你在开玩笑吗？他就是这么想的？完全不是这样。我知道他知道自己在做什么。我只是想做点贡献。我拿薪水是为了工作，我想帮忙。”

“你认为还有哪些个人价值观会发挥作用？”我问。

“一定是责任。”他说，“我对负责完全没有任何问题，除非我对正在发生的事情没有发言权。如果我不能参与制订计划，我就不会对发生的事情负责。在这一点上，我不想参与其中。”

“你觉得克里斯了解你吗？”

“显然不了解。”他说，“他不明白，我不想参与一笔我没有组织过的交易。因为，当它失败时，他会责怪我……这是他首先组织的交易，他应该自己解决。”

“布莱恩，当人们使用‘应该’这个词时，它表示人们在以一种符合自己个人价值观的方式来判断一种情况。你认为你和克里斯有相同的个人价值观吗？”

“天哪，看起来确实不同。”他真诚地说。

“因为你和克里斯有不同的个人价值观，你们的行为会遵从各自的价值观，所以你们的行为方式会有所不同。这就难怪在特定的情况下，克里斯的行为可能与你的不同，对吗？”

“对，我觉得是对的。”

“你现在能明白你的行为可能会冒犯他的个人价值观，而他的行为也可能会冒犯你的个人价值观吗？”

“是的，我觉得这是对的。”他点头表示同意。

“当这种情况发生时，你们每个人都承受了情绪负荷，这导致了双方的反应，并在对方身上制造出你们都不想要的行为。这可能很快就会变成一个没有尽头的循环，导致对你们来说双输的结果，更不用说对你的员工和经销商了。”

“我认为这是真的。”他承认。

“好的，那就让我们努力改变这一点。我要邀请克里斯加入我们，我们会努力解决这个问题。”

“所以，兄弟们，事情是这样的！”我开始说，“今天迈克尔让我和你们两个一起聊聊。我今天早上和克里斯聊过了，今天下午和布莱恩聊过。现在，我们要一起花点时间来解决这个问题。根据我们各自的对话，我想说的是，你们的工作关系本可以更好，这不是什么秘密。迈克尔认为你们的关系对整个销售部门和经销商都产生了负面影响。他还认为，如果你们相处得不好，员工，尤其是销售人员，会很难做。我有很多处理这种情况的经验，我相信我们可以解决这个问题，但要知道：如果情况没有改善，那你们中的一个或两个都将离开。你们是否都愿意全身心地投入到为彼此创造的挑战中，并努力克服这些挑战呢？”

“为彼此创造的？”克里斯有点不安地问。

“是的，为彼此创造的。”我重复道，“我们马上就会讲到。我希望你们双方都承诺真诚地谈判。真诚地谈判意味着你们将保持以解决方案为导向，并拥有积极的意图。也就是说，你们坚定地相信，每一方都想为对方带来最好的结果，同时也能带来最好的共同结果。”

“我愿意。”布莱恩大声说。

“是的，我愿意。”克里斯跟着说。

“好的。”我承认，“当我和你们每个人单独见面时，你们每个人都提到了一种能让你表现出最糟糕一面的情境。巧合的是，你们提到的是同一个情境。这与如何进行柜台交易有关，也与你们在处理这些交易时的互动有关。”

我转身看着克里斯说道：“克里斯，你提到的事实是，当你在做一笔交易时，布莱恩经常会给你一些建议，你认为这些建议只会让交易变慢，让销售人员感到困惑，而且这些建议往往是你已经知道的事情。”

接下来我转向布莱恩说：“布莱恩，你解释说克里斯觉得你的建议没有帮助或没有用，会对那些建议和你不屑一顾。但不久之后，克里斯就想让你参与并完成这笔交易，以一种你从未组织过的方式进行参与。如果你不能完成交易，克里斯会把责任推到你身上。”我调整了一下，接着说：“兄弟们，我们今天真正要做的是，提高你们的自我意识。提高的方式是首先理解你们自己的行为实际上是问题的一部分。有时候我们在别人身上制造出我们不想要的行为，我相信你们每个人都在对他人做这样的事。我们还试图帮助你们了解他人的行为仅仅是他们个人价值观的体现，从而提高你们对他人的意识，进而消除他人的行为给你们带来的冒犯感。克里斯，你说你觉得布莱恩会在你做交易的时候提出建议，是因为他认为你不知道自己在做什么。这是真的吗？”

“是的。”克里斯回答，“我认为这是真的。”

“好的，很好。布莱恩，请你跟克里斯解释一下，当他在做一笔交易的时候，你给他提建议，你的目的是什么？”

“我只是想做点贡献。”他开始说，“我不认为你不知道自己在做什么。但我也是销售经理，当我们都在柜台的时候，你想做每一笔交易。我觉得我无权参与。然后你以一种我可能不愿意和不想的方式让我去对接客户，而我可能不同意这种组织方式。在这一点上，我完全不想参与。对于一笔我有发言权的交易，让我负责没有任何问题，但我不想对我没有参与的事情负责。

然后你告诉我闭嘴，去做别的事……那种情况下我觉得自己什么也不是，我只想回家。如果你真的需要我参与，那么交易成功则罢，如果客户不满意，最终交易失败，你就怪我。这糟透了。”

很长一段时间的沉默。我不得不提醒克里斯做出回应。

“我看得出来。”他泄气地说，“我可能对此感到内疚。”

“我很感激，克里斯！”我说，“承认它是很重要的一部分，改变是另一个重要的部分。布莱恩，你说过如果你不能参与交易的组织过程，你就不想参与其中。这是真的吗？”

“是的。”他说，“我就是这么想的。”

“克里斯，布莱恩不愿意参与一项他没有参与组织的交易，对此你能谈谈你的看法吗？”

“布莱恩是一位有天赋的销售经理。他在顾客面前表现得很好，他们爱他。我最不愿意做的事情就是让两个人同时做一件事。我们两个人都有很多事情要做，有些需要做的事情还没有完成。我宁愿让布莱恩专注于与销售人员进行一对一的会面，跟进未交易的客户，就销售流程和产品知识培训销售人员，并在必要的时候随时为他安排任何交易。这将是对他的能力和天赋的最明智和最佳的利用。我负责整个部门的运营。我需要他支持我的决定。如果他不同意我所做的事情，他不能只是生闷气，或者消失。我们需要能够就此进行对话。但他倾向于封闭自己，这让谈论这件事变得困难。”

再一次沉默。“布莱恩？”我提示，没有立即得到回应。

“是的。”他终于开口，“我确实是这么做的。”

“好的。”我宣布，“太好了，干得好，兄弟们。这可不是件容易的事。我们讨论的是你们的个人价值观，以及你们的反应和行为。感情用事是很自然的。你们都承认了自己的行为，这很好。就像我之前说的，这是很重要的一部分。但最重要的部分是讨论我们要怎么做。克里斯，你能想到什么方式，来修复你们的关系，创造一个更有效率的工作环境？”

“我认为我们需要弄清楚每个人的工作内容。”他建议，“我们两个都需要一份更清晰的工作描述。我每周有一天不上班，有一天要参加拍卖会，并且我周日不工作，所以布莱恩有很多机会进行交易。我们可能需要更仔细地比较一下我们的风格。我们最不希望看到的是销售人员不得不根据谁在柜台当值而采用不同的做事方式。如果布莱恩在交易中向我提出什么建议，我想我不必那么怒气冲冲。在让他参与交易之前，我可以征求他对交易方式的意见，而不是因为结果而责怪他。”

“克里斯，你觉得这可以什么时候开始呢？”我问。

“当我们下楼的时候……我将尽力重新开始。”

我转向布莱恩，问他是怎么想的。

“我愿意重新开始！”他说，“我想我可以试着更多地参与我不负责的交易，只要我在之前对它们有所了解。我知道还有比柜台交易更重要的事情要做，还有很多事情没有完成。它们也需要完成。但是当有人叫我闭嘴的时候，我就没有动力去做那些事了。所以，如果我们之间的关系能够更融洽，我就会更有动力去完成其他事情。”

“布莱恩。”我问，“你愿意马上开始吗？”

“是的，我会马上重新开始。”

“好吧，我想我们今天已经取得了一些进展。我下次来的时候再继续。我希望你们俩都把自己情绪爆发的任何场景都记录下来。无论用什么方式记录——有些人用日记本，有些人用便笺簿，有些人记在手机里——只要你去做，怎么做我都不在乎。当我下次来时，我们会一起讨论这些情境。我们将像今天一样解构它们。同样的力量也会在工作中发挥作用——个人价值观、情感负载场景、作为受害者或冲突中的反应——我们需要了解具体情况，以了解发挥作用的是什么。这就是记录它们的目的。我们今天没有时间了，但我们下次会讨论如何中断这些反应，将消极的情绪反应转化为积极的回应。这会将整个互动由消极转变为积极，从一输一赢变为双赢。十分感谢你们今天的参与，我知道迈克尔也一样。我已经迫不及待地想听到并庆祝你们的进步了。”

克制：正确应对过激反应

“武力不能维持和平，唯有理解才能实现和平。”

——阿尔伯特·爱因斯坦[①]

我参加 IPEC 的培训时用来形容自己的词汇，经常能够从

① 阿尔伯特·爱因斯坦（1879—1955），犹太裔物理学家，相对论的创始人，被认为是继伽利略、牛顿以来最伟大的物理学家。

我在冲突问题上指导过的学员嘴里听到，这种高度的频率让我十分震惊。近来，我指导过的学员试图解释他们的反应。"我控制不了！"他们说，"事情就这样发生了，在我能意识到之前就已经发生了。这就像一种反射。我想我改变不了。"

"当然，你可以改变它。"我充满信心地向他们保证，并努力与他们分享我的信心。我的信任是有道理的，我知道它是可以改变的。我已经改变了自己。几年前，我被困在一个又一个的循环或反应链中，我的行为在别人身上创造了我不想要的行为。他们的行为又在我身上创造了他们不想要的行为。幸运的是，这种情况不会再发生了，因为我已经明白了自己的出路。

几年前，我有过一次听起来非常相似的对话。IPEC 教练正在主持一场对话，主题关于个人局限、挑战和改变自己。我们在房间里走来走去，分享缺点，就像指出产品或服务的缺陷一样。轮到我的时候，老师让我分享我的不足。我提到了我的反应，就像一个压缩的螺旋弹簧。这个类比很贴切，因为压缩螺旋弹簧具有储存势能的特性。那是焦躁地储存着的能量，等待着被释放。我解释说，我的反应似乎是瞬间发生的，常常在我察觉之前就已经发生了，我也无法理解如何去控制它们。她和我分享了一些她认为可以有效地中断反应的技巧：深呼吸、散步、数到十、数密西西比[①]，等等。她的建议有一定的帮助。我发现，随着时间的推移，我可以用这些技巧中断我的反应。但

① 一种小孩子的计时方式。如果直接用"1、2、3"来计时，每个数字的时间间隔可能会有变化。"密西西比"音节较多，可增加计数间隔时间。

中断反应和不再做出反应完全是两码事。我不想仅仅是中断反应，我希望它们不再存在。

在我看来，中断反应是整个五步过程中最困难的一步。它是我在学员身上花费时间最多的一步，也是人们最难理解和练习的。有两种程度的中断。第一个阶段中断了反应，但是原始的情绪仍然存在。人们曾经可能会有强烈的反应，而达到这个水平的人会降低反应程度，以至于其他人会注意到这种变化，并做出评价。那些以前反应强烈的人会教会自己在身体上克制这种反应。这是很好的第一步，对一些人来说就已经足够了，这完全取决于与他人互动的次数和频率。然而，问题在于，一个人可以突破自己的约束。约束和意志力一样，是一种可耗尽的资源。如果一个人面对重复的场景，需要反复进行约束，在某种程度上，这种约束就会失败，反应就会发生。因此，更和平的生活需要额外的努力。

第二个阶段是通过首先消除情绪源来完全消除反应。达到这个水平的人将不再做出反应。人们对他们的评论将充满怀疑和敬畏。当情绪源不存在时，就没有燃料来推动反应。就像火没有氧气就不能燃烧一样，没有情绪就不会产生反应。听起来很简单吧？并非那么容易做到。

我们要回到最开始，回顾一下步骤，然后再继续。在第一步中，我们通过想象自己在向一个陌生人描述自己来识别我们的个人价值观。通过宣布我们的个人价值观，我们也揭示了自己的触发器。我们了解到，当一个人觉得自己的个人价值观被冒犯了，或者觉得别人把他们的价值观强加于自己时，就会产生冲突。在第二步中，我们识别出了一些危机状况，这些危机状况容易触犯个人价值观。在第三步中，我们识别出自己的默认反应，可能是成为受害者或者是在冲突中做出反应，并研究了这种行为的后果。现在，在第四步中，我们将探索中断情绪的能力，并在出现严重后果之前，消除它们；否则这些情绪就会导致人们做出反应。有点像时光倒流，找到一个注定要犯下滔天罪行的人，然后阻止他的出生。正如孙子所言：“不战而屈人之兵，善之善者也。”

爱因斯坦说：“如果你不能用简单的语言来解释，就说明你没有很好地理解。”他用 $E=mc^2$ 来描述质能当量，其中 E 代表能量，m 代表质量，c^2 代表光速（在真空中）的平方。他的狭义相对论假定，当物体接近光速时，运动物体的质量会不断增加。实际上，早些时候我说自己感觉像一个压缩的螺旋弹簧。爱因斯坦会解释说，根据他的理论，由于螺旋弹簧的压缩运动和储存在其中的能量，压缩螺旋弹簧的质量将大于任何未压缩螺旋弹簧的质量。

$E=mc^2$ 是爱因斯坦用来证明质量和能量之间关系的直观的公式。我将修改他的公式，以证明情绪能量与引发冲突的反应之间的关系。对我来说，这是一个反应理论，而不是相对论。E 在我们的例子中，会变成 E^2: 情绪能量①，而不是爱因斯坦的动能。M 代表反应大小，而不是质量。c^2 会变成 C，代表一个

① E^2，即 E 的平方，E 是“情绪能量”（Emotional energy）英文单词的首字母。

常数，也就是光速。

换句话说，人类情绪反应的方程式与原子反应的方程式略有不同，但仍然具有一连串反应的特征。所以，我们的方程不是“能量等于质量乘以光速的平方”，而是“情绪能量等于反应的大小乘以常数，”即 $E^2=MC$。从后往前推，C 代表常数。对爱因斯坦来说，C 代表光速。真空中的光速被称为普适常数。对我们来说，普适常数是我们个人价值观的集合，就像真空中的光速。改编自“反应：情绪能量的产生”这一节，只是为了更好地说明这一点——宇宙意义上真空中的光速与人类意义上的个人价值观没有什么不同。它无处不在，时刻警惕，无孔不入，没有界限。每一天醒来后，你都会在它存在的基础之上做出选择。它就是存在的。同样，个人价值观也是存在的。举例来说，如果你的个人价值观之一是诚实，那么你就不会每两周的周二上午 10 点才会诚实。或者每两周的星期六，或者当天气晴朗温暖的时候，或者在阿拉斯加度假的时候。如果诚实是一种个人价值，那么你就会一直诚实地行事，你也会期望别人也诚实——但在我们的例子中，它是特定的会被冒犯的个人价值观。

如果有多个个人价值观在起作用（这可能是真的），就可以用 C^x 表示。M 代表大小，是一个多项式。M 是情绪强度（i）与历史（h）的乘积。情绪强度（i）与个人价值观被冒犯的程度有关，历史（h）代表任何可能加剧感知冒犯的过去，比如我的被遗弃问题。所以，可引发生理反应的情绪能量（E^2）等于对感知到冒犯的反应大小（M）——M 等于情绪强度（i）乘以任何可能让人对这种冒犯高度敏感的历史（h）——乘以常数（C），即特定的个人价值观。数学上表示为$E^2=[(i)(h)](C)$,其中$(i)(h)=M$。

如果你不擅长数学，我敢肯定你的头现在很疼，你很纠结，想我到底在说什么。确切地说，我这样表述是因为它促进了我们对冲突如何发生的全面理解。允许确定和孤立我们管理冲突的努力将是最有效和最有益的。

我们把它分成几个部分。考虑到我在数学上的描述，如果我们想对冲突产生实质性的影响，我们可以先看看E^2，情绪能量。情绪能量是副产品，是结果，是一个滞后指标。它不能被直接管理，因为，就其本质而言，无论我们用什么尺度来衡量它，它的数量必然由之前的投入决定。因此，在管理任何影响时，更有效的策略应该是首先关注影响的原因。所以，让我们把注意力转移到等号的另一边，集中在两个因子中比较简单的那个，也就是C，代表普适常数。在继续之前，我们先暂停一下。

好吧，现在我们慢慢来。我想让你列出所有你能想到的减慢、加速或改变恒定光速的方法。准备好了吗？开始。

等等，你的列表上什么都没有。好吧，那我们换个例子。这次，列出所有你能想到的改变重力的方法。准备好了吗？开始。

嘿！另一个空白列表，对吧？价值观也是一样的。你不会有一天醒来，发现诚信对你不再重要。你不会改变你的行为，使它与诚信不符。你就是你的价值观，你的价值观就是你和你的行为。所以，如果我们不能影响普适常数，也不能影响结果，那么我们应该把精力集中在哪里呢？

我们继续讨论大小。大小是由与个人价值观被冒犯的程度有关的情绪强度（i）乘以任何可能加剧这种感知冒犯的历史（h）。我们从右往左看：（h）代表历史。过去发生在我们身上的事情造就了今天的我们。这本书的大部分内容是讲述发生在我身上的事情。就像我们对常数做的一样，我们要花几分钟列出所有我们可以做的，能够改变已经发生在我们身上的事情。我甚至会再给你一点时间。永恒听起来如何？即使我能给你无限的时间——除非你发明了时间旅行，再回到过去，撤销已经发生过的事情，再回到现在——再多的时间也改变不了任何已经发生在你身上的事情。你可以根据这些经历来管理未来，但你无法管理过去。因此，从历史的角度进行改变不会对我们管理冲突的能力产生实质性的提高。只剩下一个：（i）代表情绪强度，与感知到对个人价值观的冒犯有关。这就是为什么我用这种方式精心解释。这是我们唯一可以控制的事情。这是有史以来我们唯一可以控制的事情。

让我们再来回想一下数学。11 乘以 0 等于多少？来吧，把手伸过来，接着这个问题……对的，0！好的，我们来试试更复杂的。477912 乘以 0 等于多少？完成了吗？是的，0！好的，最后一个。∞减 1 乘以 0 等于多少？我故意用∞减 1，以免冒犯任何数学专家，因为他们肯定不同意∞乘以 0 等于 0。不过，我不认为他们会质疑前一种说法。所以如果你的答案是 0，你是对的！同样，你肯定想知道我到底在说什么。我懂了，不要再讲数学了。我煞费苦心，甚至是痛苦地试图说明的一点是：如果与感知到个人价值观被冒犯有关的情绪强度（i）为 0，那么 $E^2=MC$ 必然会降为 0。因为：$E^2=[(i)(h)](C)$。$E^2=[(0)$

$(h)](C)$，$E^2=(0)(C)$。$E^2=0$。

总之，如果我觉得别人的行为不是故意冒犯的，并且我的价值观没有被冒犯，就不会产生情绪能量。如果没有产生情绪能量，就没有什么可以负荷到情境中，所以就不会有情绪反应。没有情绪上的反应，我将保持以解决方案为导向，寻求最明智的结果，保持最好的自己。

希望我已经让你们相信，管理冲突的唯一希望是，当一个人感到自己的个人价值观受到冒犯时，消除所存在的情绪。这种情况下，我们应该一致认为，通过消除这种情绪，尽最大努力来中断这种反应，是最实用和有效的方法。

就像爱因斯坦的狭义相对论一样，给定一个人相对于某个物体的位置，该物体的速度是相对的。情绪反应也是相对的。冒犯一个人的个人价值观的情况可能不会冒犯另一个人。同一种冒犯某人的情境，可能会对另一个人造成严重十倍的冒犯，如果他们过去经历过类似的情景或对特定个人价值观高度敏感的话。然而，不管相对性质如何，通过感知减少对他人行为的冒犯来中断反应是有效的。反过来，这种帮助也是相对的，相对于它消除的情绪数量来说。

第十一章　第四步：最有效地杜绝冲突：中断情绪反应

“现在，请原谅我打断自己。”

——穆雷 · 沃克[①]

“最近怎么样，彼得？生意怎么样？”

“生意很好。”他说，“我需要你今天和乔聊聊。”彼得是我合作过的一家经销商的部门经理之一。

“当然，没问题。”我说，“他怎么啦？”

“我不太确定。”他说，“我只是觉得他对我、对部门、对经销商都不太上心。我想试着弄清楚这一点，让他回到正轨。”

“乔的哪些行为让你有这种感觉？”

“呃，他是一个看钟等下班的人，”他开始说。“他每天早

① 穆雷·沃克（1923—），著名赛车评论员，有“一级方程式之音”的美誉。

上 7：59：59 出现，等着早上 8 点打卡上班，然后下午 4：59：59 的他又会出现，等着 5 点打卡下班。他在这里总是干得很好，他从不误工，但他从来不多干一秒钟，永远！永远不会！”他重复以示强调，“这真让我生气。我真的需要你的帮助，我们真的需要帮助。当我需要他时，我不能指望他会在这里多待一秒。我只是想让他更上一层楼。请你原谅我的发泄。不过，这真的让我心烦意乱。”

从他的情绪上，我可以看出这对他来说是个危机状况。我决定在和乔聊过之后，再研究他的触发器。

“乔，还有哪些行为让你觉得他对你、对部门、对公司不够投入呢？”我问道。我希望得到乔进一步的说明。

“没有了！”他实事求是地说，“就是这些。”

“好的，很好。”我说，“我要和乔聊聊，然后再来找你。”

“听起来像是一个好主意。”他笑着说。

“嘿，乔，你好吗？”

“我很好。这段时间生意一直很好，我们真的很忙。你知道，每天的时间就是不够用。”

“彼得怎么样？”我问。我想检查他们之间的关系。

“他一直很好。”乔说，“有点压力，你知道……我们都有点。”

“压力的原因是什么？”

“我们失去了一名员工……还记得汤姆吗？他在街那头找了一份经理的工作。我们还没能找人代替他。你知道这份工作需要不断学习。我不确定我们将如何取代他。”他说道，“我们其他人必须收拾残局。但是，你知道的，不是每个人都会这么做。”

“你的工作时间怎么样？”

“还好……”他回答。

“任何加班的机会……为了增加薪水？”我试探地说。

“是啊，那太好了！”他说，“但我真的不能，你知道……起码现在和艾米丽在一起的时候，我不能加班。她现在才4岁。离婚后，我的时间变得很紧凑。我是单亲爸爸，我现在有全部监护权。这让事情变得艰难。我愿意做得更多。我觉得我让彼得失望了，但我也要对我的孩子负责。我尽我所能去平衡每件事。早上7:30托儿所一开门，我就把她送到托儿所。我上班要花20到25分钟，具体时间取决于交通状况。托儿所下午5：30关门。因此，我必须准时出门，以便于在托儿所关门之前赶到那里……另外，谁的孩子想最后一个被接走？生活总是在持续，哥们儿……我一直在马不停蹄。我很幸运每天都能准时到这里，我做到了……我一定不会迟到。”

“听起来你做得不错。”我说，“彼得知道你和艾米丽的事吗？”

“我不确定。”他回答，“他现在有很多事情要做，他真的压力很大。他最近对我也不太好，所以我尽量躲开他。你知道，我不想成为别人的靶子。”

“我晚些时候把这些告诉彼得，你不介意吧？”我问乔。

“没事！”他说，“我不想找任何借口，现在就是这样。”

“好的，谢谢你，伙计，我很感激！”我说，“听起来你和艾米丽在一起做得很棒……坚持下去。”我鼓励道。

“我和乔见了面。”我说。

“是啊，怎么样？”彼得问。

“我觉得很不错！”我回答，“我们能谈谈吗？”

“给我 15 分钟。”彼得说，“我有个员工要在午餐时向我汇报。”

“好吧，我回几个电话，15 分钟后在这里等你。”我同意了。

当我们终于坐下来的时候，彼得开始问我：“那么，乔解释过他为什么没有那么投入吗？”

“我们谈了很多事情。”我故意不具体地说，“你和其他员工之间有什么矛盾吗？”

“有些人会迟到。这没什么大不了的。不是一直迟到，所以我不会生气。你知道，什么事情都有可能发生。有时候，我也会迟到。”他补充道，“但是不管我什么时候到公司，我都会一直待在这，直到工作完成。我的大多数员工也是。这就是为什么当我需要乔的时候，他总是不肯留下来会让我如此愤怒。”

“彼得，我可以和你分享一个方法吗？这个方法可以帮助你提高理解你的员工和他们的行为的能力。”

“当然！”他说，显然不知道会发生什么。

“首先我要问你两个问题。这些问题听起来可能有点奇怪，我保证在交流的过程中，会帮你把这些点串联起来，但我问这些问题是有目的的。”

“好的，开始吧！”他说。

“彼得，我想让你假装你在向一个陌生人描述你自己，你想让那个陌生人知道你想让他们知道的关于你的一切，用六个、八个或十个关键词来描述。这些关键词是什么？”

“哇，这题很简单！”他有点激动地说，“我需要一分钟。我努力工作，所以，努力是一个关键词……职业道德也可以算一个;我很可靠，你可以信赖我;我是诚实的，所以诚实算一个;我很敬业，所以奉献算一个；无论如何我都要把工作做好……或许决心也算一个；我关心他人……我的老板总是说我在他的‘关怀’量表上得分很高，所以我想关怀也是一个关键词；我试着和我的员工建立联系，我喜欢成为团队的一员，也许是友爱吧。几个词了？”

“七个！”我总结道,“职业道德、可靠、诚实、奉献、决心、关心和友爱。不错。这是一个完美的列表。现在到了第二个问题。我想让你描述一种场景，这种场景往往会暴露出你最坏的一面，把你变成你不想成为，但无论如何都会成为的那个人。如果有不止一种场景，那你要试着把注意力集中在最激烈或最频繁的场景上。试着回到当下，感受当时的氛围与周围的声音。”

“哇,这个问题也很简单。”他说。停顿了一下,他又开始说:“你知道，任何一种让我觉得他人没有足够投入的情景都会让我感到不快。不仅仅是与乔之间，可能是和任何人……我儿子在少年棒球联盟队。一半的孩子没有来参加练习。如果只有一半的队员参加训练，这样的团队如何才能进步？我妻子的工作也是如此。她是一个老师。偶尔，她的母校会让她带一名实习教师去实习。有一半时间，他们都没有出现！她在这里，试图帮助他们进入一个新的职业,而他们却连按时出动都无法做到。我不明白。至少乔出席了工作，但他就是不肯再多待一会儿。”

“那么，让我们谈谈这个吧，彼得。”我说，“谢谢你对这些场景的描述。当我最开始让你假装向一个陌生人描述自己时，你给了我七个关键词，你觉得我为什么要你这么做？”

“我不知道。”他条件反射般地说，“也许是为了了解我的想法……或者看看我是怎么看待自己的。”

“对！”我说，“那么，你觉得这些词代表什么呢？”

“这些词就像我的性格特点。”他说，“比如一个品牌代表。”

“没错！”我说，“这些关键词代表你，它们是你的个人品牌，你的个人价值观。这就是为什么我这样问你。如果我让你直接说出你的个人价值观，那你可能会不知所措，因为这是个比较宏观的问题。除了这个原因之外，我要了解你的价值观还有另外一个原因。你能猜到那是什么吗？”

“我不知道，不太清楚……只是告诉你对我来说重要的事情，对吧？”

“是的。”我回答说，“它告诉我对你来说重要的是什么。当一些对你重要的事情受到负面影响时，比如你儿子的队友没有参加训练，会发生什么？”

“这让我很生气！”他说。

“好的，很棒。这正是我要找的。现在让我们把一些点连接起来。”我像往常一样解释了个人价值观、触发因素和反应，“这些听起来熟悉吗？彼得！”

“所以，我想我们都知道我的反应方式。”他说。

“你的反应方式是什么？”我问道，当他告诉我已经知道的事情时，我试图表现出惊讶。

“呃，应该不是受害者模式！”他强调说。

“那么是什么呢？”

“我会生气！”他说，“是冲突模式。如果有些事情我不喜欢，我就会想改变它。”

“是的。”我说，你的个人价值观之一被冒犯了，于是你做出了反应。导致反应的情绪是改变你想要改变的事情所必需的能量。你如何看待你处理这些情况的方式？”

“通常情况下，这种做法不会马上奏效。”他说，“在大家都平静下来之后，我们通常能够解决。”

“彼得，你为什么觉得一开始解决不了呢？”

“那个时候，我根本不会听别人的……我通常会大喊大叫或者大声讲话。在那个时候，我对别人想告诉我什么不感兴趣。我只是想要我想要的方式……而且通常和现在的情况不同。”

“你知道什么是情绪劫持吗？”我问他。

“什么？”

“情绪劫持。”我重申道。

“不，我从来没听说过。”

“《情商：为什么情商比智商更重要》一书的作者丹尼尔·戈尔曼谈到，当人们做出情绪反应时，就会发生情绪劫持。他认为，当这种劫持发生时，人的大脑中解决问题的部分就会失效。它使你不可能想办法摆脱困境。这就是为什么当我们做出情绪反应时，我们就不是最好的自己，也不会产生最好的结果。这就是为什么在每个人平静下来之后，事情就会得到解决。”

“我明白了！”他说，“我认为我的情况就是这样。”

“彼得，让我问你一个问题。你觉得哪种情况更好：第一种是当你情绪激动时，你在冲突中做出反应，等待一切平静下来，然后解决问题；第二种是你不会情绪化地做出反应，保持以解决方案为导向，保持最好的自己，并产生最好的结果？”

“这是个恶作剧问题吗？”他问道，“我当然选择第二种。”

“棒极了！”我称赞道，“所以，让我们来谈谈这是如何发挥作用的。管理冲突的关键是要明白，在特定的情况下，如果你的个人价值观之一被冒犯，就会引发你内心的情绪。大多数情况下，人们会认为，无论是谁处于这种情景的对立面，他的行为都是故意的。举个例子，在乔的案例中，你可能认为乔是故意不够投入的，认为他有意这么做的唯一的目的就是和你作对。如果那是真的，你对此生气是很自然的。但如果那不是真的呢，彼得？如果乔只是依照他的关键词、他的个人品牌、他的个人价值观行事，就像你依照你的价值观行事一样，那又会怎样呢？你还会这么生气吗？”

彼得在思考我们讨论过的所有事情。当他还没有准备好回答时，我继续说：“所有人类行为都是个人价值观的体现。如果你不了解别人的行为，你就不了解他们的价值观。在早些时候与乔聊过之后，我可以确定他实际上是在依照他的价值观行事。也许这种行为对你来说没有任何意义，但这对他来说是有意义的，就像你的行为对你一样。乔把时间看得那么紧，因为他得去托儿所接送他的女儿，所以他没有额外的时间。他现在是单亲爸爸，他对女儿全身心投入，同时尽自己最大的努力全身心投入到工作中。如果你能理解，每次他准时下班，都是在履行为人父的责任，致力于为他的孩子提供一个家和稳定的生活，那你还会这么生气吗？”

“我当然尊重他的父亲身份。”他说，“我有自己的孩子，我完全理解这种张力。这就是我星期六不能工作的原因。我和孩子们有太多的事情要做。我不知道乔这么有时间意识，是因为他要去接送他的女儿。我明白了，现在我明白了。”

“那情绪呢？”我问。

“没有情绪……我现在明白了！”他说。

“那么，是什么发生了变化？”

“这是什么意思？”

“嗯,之前你说他的行为让你生气。现在你说没有任何情绪，就像愤怒消失了一样。我错过什么了吗？乔突然改变他的行为了吗？”

“不！”他说。

“好吧，那么是什么改变了呢？”我知道答案，但还是提醒彼得，“以前，乔总是准时打卡上下班。现在，乔继续准时打卡上下班。之前你很生气，而现在这种情绪消失了。我不明白。”

“就像我之前说的，我现在理解了。”他说。

“让我把话说清楚！”我强调道，“起初，你很生气，因为你认为乔的行为是故意的，他是故意不忠于自己的工作，但在了解到他对时间的敏感与接送女儿有关后，你的不快情绪就消失了。”

“没错。”

“好的，很好！”我说，“这正是我想听的。我想确认，你能够认识到乔的行为是在尊重他的个人价值观，这一点和你一样，并且你能够将这两件事联系起来。他的行为与你无关，与你的部门无关，与公司无关。如果他在别的地方工作，那他的行为也会完全一样。如果你不在这里工作，那我可能会和另一位经理谈论同样的事情。”

“乔的行为只与他自己有关，”我继续说道，“这和你一点关系也没有。然而，与你有关的是你的反应。你被乔的行为冒犯了，因为他的行为冒犯了你投入的价值。这对你来说是个危机状况。任何情况下，当遇到某人没有投入的时候，你就会情绪失控。一旦情绪失控，你就会大发雷霆。你不会成为最好的自己，也不会产生最好的结果。当然，除非你开始接受并相信其他人的行为只是在尊重他们自己的价值观。”

“相信这一点并不意味着你必须宽恕、接受或采取这种行为。如果你能看清它的本质，即他们只是在尊重自己的价值观，那么他们所做的任何事情都不会成为你生活中的情绪事件。当这不是一件情绪化的事情时，这个场景就不会负担情绪。当没有情感负担时，你可以保持解决方案的导向和纯粹的思想。你总是可以运用第三方来检验你是否在情绪上承受了某种情况。如果我今天对你说，‘彼得，我真的需要你的帮助，伙计。’你能给我一些建议吗？这样我就可以把它们带回俄亥俄州的经销商那里，帮助他们解决这个问题？”我假设在另一家经销店内，彼得和乔是其他的经理和雇员的身份，这样他就能从局外人的角度来看待这件事。

“首先，”他说，“他们可能应该就此进行一次谈话。他们可能会考虑看看日程安排。如果日程安排有问题的话，那他们可以重新安排，这样对对方来说就会容易一些。也许一旦他们弄清楚到底发生了什么，他们就会不再纠结这件事了。”

“这些都是很好的建议！”我感激地说，“现在，彼得，我想让你想一想，你对俄亥俄州的情况和这里的情况是否有不同的看法。”

“当然！”他几乎立刻说，“那种场景并不是针对我。”

“没错！”我说，“当你可以这样想的时候，当你觉得这是在别人身上、在别的地方发生的事情的时候，和这里发生在你身上的事情给你的感觉不同，那就说明你在感情上承受着这种情况。这显然是真的，因为你的承诺价值观被冒犯了。”

重复：没有意图，没有情感，没有反应

> “重复是技能之母。”
>
> ——安东尼·罗宾[1]

“适可而止吧！”史蒂夫开始说——甚至在他坐下之前——他显然很激动，比我以前见他的时候还要激动，“我告诉他，他再也没有机会那样对我说话了。我不需要在这里，你知道……

---

① 安东尼·罗宾（1960—），世界潜能激励大师、世界第一成功导师、世界第一潜能开发大师，代表作《激发无限的潜力》《唤起心中的巨人》等。

尤其是如果他不想让我在这里的话。周六太残忍了。他在会上的行为令人发指。他很刻薄。我从未见过他身边有任何人成功地公开挑战过他，所以我通常不会参与讨论会。后来有销售人员来找我，他们不相信我在会上什么也没说。他一直在谈论科瑞恩这个，科瑞恩那个。他在找我的茬，说我像凯文·科瑞恩。”

他指的凯文·科瑞恩是一家竞争对手经销店的老板，吉姆和史蒂夫以前曾在这家店共事。科瑞恩名声不佳，因此吉姆把史蒂夫和他做比较并不是出于好意。

“但我无法释怀。”他继续说，“所以，我在外面和他单独谈了一会儿。”

我问史蒂夫他觉得吉姆为什么会这样评价。他说，他觉得这与他前一天遇到的一位客户的情况有关。

他说：“我周五遇到一位顾客。”

“发生什么事了？”

“一个人来取车，文件上有个错误。”他回忆道，“那家伙气疯了。他是个大混蛋。我试着解释情况，但那家伙不想听。他一直说我们是白痴，他不明白为什么他的公司要在这里做生意。我越想解释这个错误，他就越说我们不知道自己在做什么。然后他评价了我们安装的推力杆，而实际上他完全错了。所以，我特意让他知道这件事。你知道，这家伙不讨人喜欢。我想修正文件上的错误，但我们刚换了经销商管理系统，打印机也无法使用。我只是想让那家伙快点离开，但是我无法让该死的打印机工作，所以我无法处理文件。结果场面越来越糟糕了。”

“对你来说，最糟糕的部分是什么？”我问。

“他一直说我们是白痴，但我们不知道文件上的内容错在哪里。交易的时候我甚至都不在。我在前一天——星期四——也就是他们做交易的时候不在公司。他们没有处理书面工作，只是留给我了。我按照买卖合同上的内容打印了数字。我推测可能是合同上的数字有些出入，而我不知道……所以就弄错了。”

我停顿了一分钟，然后继续说：“史蒂夫，如果你是顾客，那你会怎么看你的姿态？”

“什么意思，姿态？”

“我是说你的态度，是积极的还是消极的？你是在改善情况还是让情况变得更糟？”

“嗯，我没有让它变得更好，这是肯定的。这可能是防卫状态。”

“你很情绪化吗？”

“你说得太对了，我当时很激动。”他说，“那个家伙叫我白痴，还一直说我不知道自己在做什么。他很幸运我没掐死他。如果是以前，我会拿回那些文件，当着他的面将文件撕成碎片，并叫他滚出去。如果有必要的话，我会‘帮’他滚出去。”

“那么，是什么阻止了你？”

“之前你对我做的指导……”他说，“我知道我不能再这样了。”

“这就是星期六发生的事吗？”

“什么意思？”他困惑地问道。

“你说你的销售人员整天都来找你，对你什么都没说感到震惊！”我提醒道。

“我觉得我越来越能够不做出反应了。”

“你还是在做出反应，史蒂夫，你只是在更好地控制它。”

“为何如此？”

“如果这种情绪仍然存在，你就是在约束这种反应。这是中断反应的第一阶段。然而，问题在于，约束是一种可减少的资源。就像你的意志力一样。它可能会耗竭。如果你面对一个又一个需要约束的情况，在某个时候，约束反应的能量就会耗尽。然后当你再做出反应……就不受约束了。更好的做法是第二阶段的中断。此时情绪不再存在。没有情绪，就没有什么可以约束的。你不再需要担心耗尽约束，因为约束不再是必要的。没有情绪，就没有反应的能量。没有情绪，没有反应，没有约束，只有一个你想要改变的环境。”

“好吧，我知道我们以前谈过这个。”他说，“但是，你是怎么真正做到的呢？”

“你要意识到，当有人觉得自己的个人价值观受到冒犯时，就会产生冲突。”我说。

“我记得！”他开始说，“不过，我觉得我只是需要休息一下。你在生活中，每天都在思考人们和他们的价值观吗？如果有人惹你生气，你会不会思考他们的哪些价值观被冒犯了？假设你正路过乔（经销店的老板）的办公室，你无意中听到他在电话里谈论某个工厂里的混蛋小丑——也就是你——你总是告诉他如何经营他的生意……他谈论的意思是你是个大笨蛋，根本不知道怎么经营，更不用说开汽车经销店了。”

史蒂夫曾经演过单口喜剧。他有敏锐的头脑，善于把握时机。他问我最后一个问题的方式，对于混蛋小丑的比喻，让我笑得歇斯底里。我试图回答他的问题，但他的表述让我笑得太厉害了，我有点喘不上气。每次我刚说出一个词，随之而来的就是一阵大笑。很明显，他被我的大笑惊呆了。他认真地想，如果他把我说成是一个混蛋小丑，我一定会生气的。

平静下来后，我用一个问题认真地回答了他的问题。“你多久思考一次重力？”我问。

“思考什么？”

“重力”。

“重力。”他显然在搪塞我，“我从来不考虑它。”

“那么，你相信它存在吗？”

“当然存在。”

“你怎么知道？”

“我知道如果我在冰上滑倒，我会摔到屁股上。”他以经典喜剧演员史蒂夫的语气说。

“所以价值观对我来说和重力有点像。”我说，“我不会花比你更多的时间去思考价值观，因为我知道所有的人类行为都是个人价值观的体现。我知道别人的行为与他们自己有关，而与我无关。我知道我的反应与我自己有关，而与别人无关。我知道我可以控制自己的行为，而不是别人的。我知道当一个人觉得他的价值观被冒犯了，或觉得另一个人将其价值观强加给他时，冲突就会产生。我知道某些情境会容易冒犯一个人的价值观，为了管理这些危机情况，必须首先识别它们。我知道，当一个人感到自己的个人价值观受到冒犯时，他的情绪必须被压抑或释放出来。如果他的情绪被压抑，那他的反应就像一个受害者，他会退缩，停止交流，感到无助和无力。如果他的情绪释放出来，那他就会在冲突中做出反应，变得愤怒和好斗，攻击性极强。我知道反应会造就赢家和输家。如果我们赢了，那么我们直接以牺牲他人为代价赢得了胜利。但失败者心中产生了怨恨。我知道我们既不是最好的自己，也没有在反应中产生最好的结果。我知道管理冲突的唯一方法就是学会中断反应，将消极的互动转变为积极的。要看到它的本质——一种我们希望改变的场景。唯一重要的事情——唯一重要的对话——是讨论我们希望情况如何改变，以及我们的具体做法。面对那个顾客的场景是你想要的吗？”

“当然不是。”他说，“我们不能靠把人赶走来发展业务。我想让文书工作清楚得当，但实际上并没有。我应该更仔细地看一遍的。”

“你为什么觉得那种情况对你来说十分困难？”

“那家伙一直说我不知道自己在做什么？”他回答说，“我知道怎么做我的工作。我干这行快三十年了。我也已经在崩溃的边缘了。”

“怎么会这样？”我问。

“当天早些时候，一个员工告诉我，有位顾客打电话来，想要提前一天来取他的卡车。当他得知推力杆没有安装完毕，无法提前取车时，他就变成了一个真正的混蛋，并对销售人员骂骂咧咧的。所以我知道，当他到店里时，情况可能不会太好。”

“所以你当时已经准备好了。”我说。我忘记了这可能是一个史蒂夫不熟悉的比喻。

“准备？我不知道那是什么。”

“准备是指你给一个人或一种情况贴上了好或坏、对或错的标签，等等。这些标签带有一种情绪负荷——可能是积极的，也可能是消极的——用于启动你的反应或回应。如果你预期某一特定的互动是不好的或错的，那你认为你的心态和身体姿势会与预期它是对的或好的一样吗？”

“可能不会！”他说。

“更可能是，完全不同。”我说，“心态在这方面起着很大的作用。史蒂夫，让我们假装今天早上我到这里的时候，我说，‘嘿，伙计，我真的需要你的帮助。我要你跟我搭个车到马路那头的经销店去。’当我们到达经销店时，销售经理向我们说明了他正在努力解决的一个问题。他说，最近有一位顾客来取他的新车，发现文件上有一个错误。你有没有什么建议可以让他解决这个问题？”

“首先，我建议他们修改文件。”他实事求是地说，“然后，我会建议他们未来在顾客来之前检查一下是否有错误。”

“好极了！”我说，“但你为什么不建议他先假定那家伙只是个混蛋，对文件挑三拣四，然后建议他继续为经销商辩护，与客户争吵，威胁要把客户赶出去，最后对销售结果产生负面影响呢？”

“那太荒唐了！”他有点恼火地说。

“是的，当然！”我回答，“但你就是这么做的。”

“我想是的。”他说。

“为什么呢，史蒂夫？”

“我让这件事变成了针对我自己的事。”他说。

“让我问你一个问题，史蒂夫。”我说，“如果顾客恰好在你不在店的时间来取卡车，那你认为他的行为会有什么不同吗？”

“不，我不认为会有什么不同。”他肯定地说。

“好吧，假设你从未在那里工作过。你认为他会做出同样的行为吗？”

“可能是一样的。”他说。

“如果你还没有出生呢？”我停顿了一下以示强调，然后继续问，“这家伙的行为也会一样吗？”

“是的，可能是一样的。”

“所以，如果那个家伙的行为是一样的，不管你在或不在，是否在那里工作，出生与否，那怎么可能是你的问题呢？”

“是的，我明白了！”他说，“这与我无关。”

“他的行为与你无关！”我说，“但你的反应与你自己有关。当你能以不同的方式思考一个状况时——就像你刚刚做的那样——当它发生在别的地方，发生在别人身上时，你的反应不会多么的强烈。你和客户的互动产生了一输一赢的结果吗？”

“是的。”他说。

“那么，你当时产生了情绪反应？”我评估道。

“是的！”他说，“我的反应十分情绪化。”

“这让情况变得更好，还是更糟？”

“更糟！”他承认。

“你为什么会做出反应？”

“因为我的个人价值观被冒犯了！”他回答有点不确定地说。

“那么，史蒂夫，你的哪个个人价值观被冒犯了呢？”

“这与他质疑我的工作能力有关。”他强调说，“说我是个白痴，不知道自己在做什么。”

“如果他的个人价值观被冒犯了，他会在冲突中做出反应，猛烈抨击吗？”

“可能他就是这么做的。”他说。

“是的！”我说，“完全是这样。如果我们用冲突来对抗，我们会得到什么？”

“呃，冲突？”

“是的，冲突。”我强调，“以冲突应对冲突就是参与制造问题。还记得我们讨论过一个超级难搞的问题吗？那些想要解决问题的人也是制造问题的人。他们参与其中，从而制造问题。停止参与问题是解决问题的第一步。但是，如果你不参与冲突，它就不会存在。当你做出情绪反应时，你实际上是在让别人控制你的行为。他们按下你的按钮，你就会情绪失控，然后爆发出来。在这一点上，你只是一个傀儡。你不会成为最好的自己，也不会产生最好的结果。你到底为什么每天都要上班，工作十二到十四个小时，表现出你能力的50%或70%？这对我来说没有任何意义。在这一点上，你阻碍了自己前进的道路。每一天，你需要为你自己和你的家人发挥出最好的水平。你需要发挥出你能力的95%到100%来最大化成功的可能。你为什么不那样做呢？”

“是的，你说得对。”他说，“我阻碍了自己前进的道路。”

"也许那位顾客认为错误是由于不注意细节或粗心大意造成的。或者有一些我们不知道的过去，比如他曾经犯了一些错误导致了一些负面的后果。或者那个顾客觉得这个错误是故意的。这个'错误'是他，还是经销商造成的？"

"经销商。"

"好吧，如果存在信任问题——我的意思是说，也许客户并不真的信任我们，不相信他这笔交易是值得的，不相信我们是坦率和诚实的——这样的错误可能会让他更加怀疑，更加不信任我们。当然，这并不能说明他的反应就是合理的。但这会让他的反应更容易解释。如果他真的认为这个错误完全是无心之失，是一个任何人都可能犯的完全诚实的错误，那你认为他的反应会发生什么变化？"

"我想他的反应可能没有那么强烈！"他猜测道。

"是的，我同意。"我说，"会没那么强烈。为了从反应中消除情绪，我们需要从相关行为中消除攻击性。如果你能接受所有的人类行为都是一个人的个人价值观的体现，那么无论你看到的是什么行为，都只是那个人在尊重他的价值观。然而，虽然我们认识到这一点，但这并不意味着这种行为是正当的、宽容的，或可以被接受的，这只意味着它是被理解的。如果你能明白，客户是在依照他自己的价值观行事，认识到他的行为与他自己有关，而与你无关，认识到当时情况的本质，只是一个需要解决的问题——就像在马路对面的经销商那里一样——你的行为会改变吗？"

他说："可能不会那么情绪化，不会那么有对抗性了。以后，我需要变得更明智一点。”

“恭喜你，史蒂夫。”我祝贺道，“如果我们能够以解决方案为导向、纯粹地思考的时候，就能得到最明智的结果。情绪劫持让我们大脑的思考部分失效，使我们无法通过思考来摆脱困境，同时也助长了反应。这就是为什么大多数情况下，只有在每个人平静下来——情绪平息，道歉，弥补了造成的伤害之后——我们才能解决问题。但这一过程可以是非线性的。你可以跳过整个情绪失控、爆发、造成伤害、等待、道歉的一系列步骤，直接解决问题。这是通过认识到其他人的行为只是在尊重他们的价值观来实现的。当你开始怀疑这个事实时，你可以想想你身边的人。比如你的妻子。你们结婚多久了？”

“快三十年了！”他说。

“哇！祝贺你。你知道婚姻能够存续三十年是非常罕见的。她叫什么名字？”

“琳达！”他回答，“我也很想解决家里的问题。我们总是为一些事情争吵。”

“会的。”我安慰他说，“所以，如果我和琳达交流——像你和我一样——我会让她假装在向一个陌生人描述自己，她要让那个陌生人知道她想让对方知道的关于她的一切，用六个、八个或十个关键词来描述……她会列出哪些关键词呢？”

“我不知道她会怎么形容自己。”他想了一会儿说。

“那么，你会怎么形容她呢？”

“善良，体贴，好妈妈，工作努力。”他几乎同时说道。

"你会说她的行为和这些关键词是一致的吗？"我问他。

"是的，大部分都是。"他说。

"昨天下午4点的时候，她体贴吗？"我问他。

"我不记得下午4点的时候具体发生什么了。"他回答。他太过于纠结这个问题的字面意思。

"如果我们现在给她打电话，她会体贴吗？"我问他。

"唔，她在工作。她可能不会接电话"他说。他的态度有点不太合作。他沉默了一会儿，说："我还在冲突中挣扎。"

"我也在挣扎。"我同他分享我的感受，"这是自然的。"

"你怎么可能还在挣扎？"

"仅仅因为我了解这些东西，并不能让我对它们免疫。"我说，"我是人类，我不是机器人。我还是会有那种时刻，只是变少了一些。以我和我妻子为例，希望这能让你更容易地把这些点联系起来。几天前，我妻子问我为什么'有条理'对我来说如此重要。我告诉她，当我周围的事情没有条理的时候，我就会觉得我的生活失去了控制。当我觉得我的生活失去了控制时，我的本能就是去改变它。我把失控等同于我的生存受到威胁，因为我生命中曾经有过这样的时刻。但是我妻子从来没有这样过。她无法理解这一点。多年来，她一直认为我是个洁癖，是军队的产物。我的衣架仍然裂开了两根手指宽。"我举起两根手指演示。"我们在2003年建了一座大房子，主卧室里有两个大的步入式衣橱……都是她的。"我笑着说，"她的衣服太多了，以至于根本无法打开门……两个衣橱都是。当我往里面看的时候，我会十分生气，以至于我的手会颤抖。这两个衣橱会引发恐慌症。我简直无法忍受靠近那些衣橱。在那里的最初几年，我看到这一切后，就会大发雷霆，大声咆哮，整个社区都能听到我的声音。警察没来真是个奇迹。”

“哇！”史蒂夫叫道。想到我比他更疯狂，他似乎松了一口气。他问：“你是怎么处理那件事的？”他没有等我回答，就接着回答了他自己的问题：“你有没有想过，也许她觉得自己花在整理衣橱上的时间是在浪费时间——她可以用这些时间和你或者你们的孩子，或者你们的狗一起锻炼，也可以继续工作——你们有孩子，对吧？”

“也许这对她来说并不那么重要。”他推测道。

“这对她来说和对我来说不一样。”我说，“现在，我想说的是，她的行为是她个人价值观的体现，就像你和我的价值观一样。而她的价值观并不包括以那种有条理的方式进行安排。这对我来说是个危机状况，因为它违背了我关于组织、控制和生存的价值观。所以我爆发了出来，这就是冲突。我的爆发实际上是把我关于组织的价值观强加给她，并根据我认为她是否尊重我的关于组织的价值观来评价她。这让她做出一些我不希望她做的行为。她也在冲突中做出反应。我们都亲身体验过当以冲突来应对冲突时会导致……”我故意留下半句话。

史蒂夫替我说完这句话：“冲突！”他点点头表示同意。

“所以，为了我们能更和平地共处，我需要学会尊重她的个人价值观，明白她的价值观与我的不同，反之亦然。现在，我已经更好地理解了这些个人价值观，因此她的行为对我来说更加合理了，也让我产生的被冒犯感没那么强烈了。只剩下一种我希望改变的情况：在地球上的某个地方有一个家，家里主卧的衣柜很乱。你有什么建议可以帮助我们解决这个问题？”

“哇！”他说，“当你这么说的时候，听起来这没什么大不了的。灯还亮着,世界并没有灭亡。”他向窗外望去继续说道:“街上没有骚乱。”

“没错！”我说，“这只是一个场景。这只是一个场景而已。但我在感情上承受了这种场景，因为我的价值观之一被冒犯了。我参与了这个问题,我不是最好的自己,也没有产生最好的结果。我在冲突中做出反应，我变得情绪化，我无法想办法摆脱这种局面。当我妻子对我的反应做出反应时，事态更加激化，事情变得更糟。我制造了一输一赢的局面。我不知道如何中断它。我觉得如果我屈服了，就暴露了自己的弱点和脆弱。这把我吓得屁滚尿流，使得将这个场景变成了一个噩梦，而我原本可以阻止这场噩梦的发生。”

“但你知道吗？”我继续说，“在所有的叫喊和咒骂之后，在清理了所有我砸坏的东西之后，在眼泪流尽、道歉之后，场景仍然存在。只有剩下一个需要解决的问题。现在，我知道我可以跳过所有的废话，直接解决问题。那将是一个更好的我，产生一个更好的结果。听起来是不是很熟悉？”

“就像昨天发生的一样。”他微笑着承认，“实际上，是星期五发生的。”

“所以，史蒂夫，当你变得更擅长于此时，试着想象一下，有哪些潜在的价值观可能会驱动你妻子的行为，而这些行为会让你情绪失控。如果你不了解她的个人价值观，那你就不会了解她的行为。而不被理解的行为很容易被理解为故意冒犯。”

“但如果她的个人价值观和我的不同呢？”他问道。

“这才是重点，史蒂夫。很有可能她的一部分价值观与你的不同。我来问你一个问题。当你用关键词描述你的妻子时，你说的是：善良、体贴、好妈妈、工作努力，对吗？”

“是的，没错！”他说。

“好的，史蒂夫，请告诉我这里面哪些关键词——她的个人价值观——是坏的或是错的。”

“一定是那个该死的‘好妈妈’！”他开玩笑地说。“我明白你的意思了，”他说，“这些词没有好坏对错之分。”

“没有好坏对错之分。”我附和道，“她的行为遵循她的个人价值观，就像其他任何人一样，包括你自己。此外，如果你仅仅根据她与你的个人价值观的相符程度来评价她，而她也是这样的话，你们俩都会辜负对方的期望。你会花时间捍卫自己的个人价值观，而情况将会持续下去，得不到解决。为了你们的关系——所有的关系——一个更好的办法是，每个人都要学会尊重对方，认识到对方的行为是由其个人价值观所产生的。你可能仍然不赞同这种行为，但至少你会理解它。如果你能真正理解它是什么——仅仅是代表个人价值观的行为或反应——那么你就不会产生被故意冒犯的感觉。没有情绪，就没有反应。没有反应，就不需要约束。只剩下一种我们希望改变的场景……一个需要解决的问题。那么，回到周五的客户身上，史蒂夫……他的哪个个人价值观是坏的或是错的？”

我知道他已经知道答案了，显然没有一个价值观是不好的或者是不正确的。但在典型的史蒂夫风格中，他似乎在认真思考，他说：“那个客户似乎真的、真的、真的很喜欢骂人。或许就是这一点吧。”

如果——

“如果所有人都失去理智，咒骂你，
你仍能保持头脑清醒；
如果所有人都怀疑你，
你仍能坚信自己，让所有的怀疑动摇；
如果你要等待，不要因此厌烦，
为人所骗，不要因此骗人，
为人所恨，不要因此抱恨，
不要太乐观，不要自以为是；

如果你是个追梦人——不要被梦主宰；
如果你是个爱思考的人——光想不会达到目标。
如果你能坦然面对胜利和灾难，
并把两者视为虚妄和骗局；
如果你能忍耐，听着你所说的真理
被无赖歪曲利用，再将傻子蒙骗，
看着你用毕生去看护的东西被破坏，
然后俯身，用破烂的工具把它修补；

如果在你赢得无数桂冠之后

突遇巅峰下跌之险，
失败过后，东山再起
而不抱怨你的失败；
如果你能迫使自己，
在别人走后，长久坚守阵地，
在你心中已空荡荡无一物
只有意志告诉你‘坚持’！

如果你与人交谈，能保持风度，
伴王者行走，能保持距离；
如果仇敌和好友都不害你，
如果所有人都指望你，却无人全心全意；
如果你花六十秒进行短程跑，
填满那不可饶恕的一分钟。
你就可以拥有一个世界，
这个世界的一切都是你的，
更重要的是，孩子，你是个顶天立地的人。”

——拉迪亚德·吉卜林[①]

---

① 拉迪亚德·吉卜林(1865—1936)，英国小说家、诗人，出生于印度孟买。其一生创作了大量小说、散文、随笔等，于1907年获诺贝尔文学奖。

评估：与自己信仰和过往作斗争的代价

> "理解常常是宽恕的前奏，但两者是
> 不同的。我们常常原谅我们不能理解的事情
> （看不出还有什么可以做），理解我们不能原谅的事情。"
>
> ——玛丽·麦卡锡[①]

"我认为你需要解决这个问题。"她说。

"我正在解决。"我回答。

"我的意思是要认真对待这件事。"她又说了一遍，就像我第一次没有听到她说话一样。这一次，我没有回答。对我来说，这是顶级的危机状况，我必须以最好的心态来应对它，否则这个状况会以最糟糕的方式迅速失控。

她说："我认为你需要与之和解。"就这样，最糟糕的状况还是发生了，它可怕地急转直下，完全偏离了轨道。如果她用砖头砸我的脸，那情况会好一些，我的反应也会温和一些。

"和解是不可能的。"我怒吼道，"有些事情是不可原谅的。夺去一条生命，遗弃一个孩子……我不打算讨论了。我没有足够令人信服的理由，没有足够的借口来宽恕这种行为。我父母根本就没必要生孩子。我妈妈应该流产的。如果那样的话，那真是会帮我个大忙。人们总是谈论堕胎是多么糟糕——那就试

---

① 玛丽·麦卡锡（1912—1989），美国当代文学作家、评论家，作品较关注政治、情感和道德问题，代表作《群体》《绿湖》等。

着做一个不受欢迎的孩子——然后让我们谈一谈。”

它的残忍仍然让我感到惊讶。我基本上已经消除了生活中的冲突。曾经有一些情况让我在激烈的情绪爆发后浑身发抖。现在我已经学会了在这些情况下保持中立。但是当谈到我和我父亲的关系时，我仍然怒不可遏。

“如果你不能与冲突和平共处，那你怎么能指导人们处理冲突呢？”她问我。我无法回答。“你在写一本关于管理冲突的书？”她说，“人们会在生活中遇到各种棘手的问题，他们必须要解决。他们希望你能帮助他们。如果你自己都解决不了冲突，那你要怎么帮助他们呢？”

当然，她是对的……她一直是对的。我没有和解是因为我不想和解，不是因为我不知道如何和解。我觉得和解会让已经发生的糟糕事情看起来仿佛我已经接受了它，原谅了它。我肯定不会接受的……永远。

但我知道，有时候，乍一看，似乎是最矛盾的情况，实际上可以通过不同的思考方式来解决。对我自己来说，根据我自己的判断，我需要弄清楚这一点。这可能意味着永远不会完全与它和解，或接受它。但是，通过一些尝试去理解它，或者通过发誓永远不再犯错，也许我最终能打破这个循环——在一定程度上减轻愤怒……虽然情绪仍然存在，但会安静一些。

1992 年，父亲 50 岁时，我们恢复了联系。那年我 27 岁。他寄给我一封打印的信，连同他的照片和拉迪亚德·吉卜林的一首诗。这首诗写于 1895 年，比我祖父的出生年份还早五年，诗名为《如果——》。这首诗于1910年发表于《报答与仙女》[①]中。同作者撰写这首诗的意图一样——这首诗代表了父亲给儿子的建议——我怀疑它最初是在我祖父1959年去世前的某个时候从祖父传给父亲的。祖父去世时，我父亲只有16岁，虽然他和祖父分离的原因及程度与我和他的不同，但这是一种永久的分离，完全是预料之外的。

除了在我1岁之前与他短暂的接触以外，在我成年时期我们第一次见面后，他又给我写了一封长长的打印信。在信的结尾，他手写了一行字，说他觉得这封信读起来“很刺耳”……但他想让我知道他不是有意的。那封信的确很刺耳。那封信本身就具有令人难以置信的防卫感，充满了辩解和合理化理由，控诉了当时环境的不公平，以及对我当时的处境的轻描淡写……就好像他把我留给迪士尼世界的保姆一样，我最大的困难就是决定我要上哪所私立寄宿学校，暑假要住在哪所房子里。我觉得，我对我儿子十多年前遗弃的那只兔子所做的比我父亲在我父母分居到我们重新联系的这段时间里为我所做的还要多——儿子抛弃那只兔子后，一直是我在饲养那只兔子。

我真的对那是谁的错不感兴趣。那对我一点也不重要。不过，我期望的不只是“有些事情难免会发生”。难免会发生？是啊，总有些事情难免会发生……你可能会丢了车钥匙，忘记付账单，撞到路边，爆了轮胎。事情的确会发生。但不是——

① 《报答与仙女》为吉卜林创作的短篇故事合集，每则故事之间都由一首诗衔接，其中包括了短诗《如果——》。

哦，是的，现在我想起来了……我结了婚，生了孩子，失踪了二十七年，从来没有考虑过孩子的存在，我不想干涉，也不想让事情变得更糟，以此来为自己辩解。我认为这更像是在说我不想被拖累或负责任，被束缚，被限制，尤其是在经济上。在他的信中，他谈到“发展一种机制来避免陷于痛苦和沮丧”。他说，他“拉上窗帘，过去已经不存在了……”并写道，“我在保护自己的心理健康”。当我读到这封信时，我只能听到他一直在说：“可怜的我，可怜的我，可怜的我。”

我父亲是个聪明人。他是我见过的最聪明的人之一。他会说五种语言，是一名电气工程师。人不一定非得成为火箭科学家或门萨[①]的候选人，但是，人应该理解一个内在的、与生俱来的、不可否认的、不可分割的概念，即父母有必要对他们的后代负有养育责任——养育、抚养和供养。这是自然的、本能的法则。没有这些，任何物种都注定灭绝。据我所知，生孩子是需要双方共同决定的——在九个月的妊娠中，他们都有足够的机会来终止任何“一时判断的失误”——巨大的痛苦被压缩在分娩之时，提醒着父母双方，有些事情是需要他们全部的注意力的。自从儿子出生以来，我和妻子每时每刻都在努力给孩子一个比我们自己更好的开始。这就是为人父母的意义所在。我知道很多人——大多数人——也会这么做。

指导的部分目的是帮助人们发现他们的人生目标，并与之

---

① 门萨是世界顶级智商俱乐部的名称，于1946年成立于英国牛津，旨在建立一个非营利的全球性智力交流社团。

建立联系。与自己的目标建立联系的重点是挖掘、驾驭、利用那些不可思议的、可持续的力量。这些力量来自识别和追求自己内在和外在的动力——那些让生活和工作有回报和成就感的东西。外在激励因素（金钱、晋升、奖励、奖金）和内在激励因素（爱、接受、自尊、团队合作）之间的主要区别在于，外在激励因素往往更快地失去其激励作用。内在动机可以驱动人的一生，而外在动机往往只能持续到下周的薪水发放之时。当我解释这一点的时候，我经常分享我自己的目标——为我的儿子提供一个比我更好的人生开端——作为例子来说明我的观点。为了证明这种动机的力量，我会问："在我的生活中，你觉得我会允许什么阻碍我为儿子提供更好的生活？是拥堵的交通吗？或许是我的航班延误了？还是下雨或者外面很冷呢？"随之而来的总是长时间尴尬的沉默。部分原因是我的问题过于笨拙和拐弯抹角。我会打破寂静。"死亡。"我说，"死亡将是唯一阻止我为孩子提供更好生活的东西。如果死亡阻止了我，如果我做得足够好的话，这种精神将会传承下去。它会自我延续。我的儿子也会这样对待他的儿子或女儿。"

现在，我已经50岁了。我父亲今年74岁了。我们已经有十多年没说话了，自从我们埋葬了我母亲之后，我就再也没见过他了——到明年六月就十五年了。我儿子现在18岁了。我常常在想，如果我和儿子在经历了一辈子的分离和忽视之后，再一次相遇时，他会对我说些什么。我写给他的信读起来会同样刺耳吗？它会是防御性的，充满了辩解和合理化理由吗？我会说我只是环境的受害者吗？痛诉这一切的不公平？我会对他的处境轻描淡写吗？我愿意牺牲他来保全自己吗？我不知道究竟是什么力量能强大到让我远离我的儿子。如果他在 50 岁时不得不和他的孩子进行同样的对话呢？那会是什么样子的？到那时我们已经是专家了，对吧？到那时候，他的解释必须近乎完美。三代糟糕透顶的父母会将他们传递出的信息加工得精妙绝伦。

有其父必有其子，是吗？胡说！在我的工作中，经常有人说，儿子应该永远感激比他们出生得要早的父亲。因为，似乎很少有儿子能像他们的父亲那样经营企业。我儿子现在 18 岁，比在他那个年龄时的我强十倍。尽管他总是对自己有过高的期望，但是他实际的表现甚至比这些过高的期望还要出色，比如他作为一名外州学生被加州大学洛杉矶分校金融精算学项目录取，并获得了预备军官训练项目全额奖学金和空军预备军官训练项目全额奖学金。仅仅是获得奖学金就已经足够了不起了，而且必须在不考虑任何其他因素的情况下先被加州大学洛杉矶分校录取，然后才有军队愿意送他去预备役军官项目。

那么这是偶然的吗？运气好？显然不是！他的成绩是全国第一，所以他顺利进入了首选学校。这一切都是他应得的。自从他入学以后，他就成为校园里最负盛名的大一新生之一，以全 A 和 B+ 的成绩结束了他的第一个学期。他是预备军官训练项目游骑兵挑战赛中唯一一个获得参赛资格的大一男学员，大多数时候他都要在凌晨 4 点起床训练。他激励着我！他应该激励他的祖父，因为他比我父亲在他那个年龄时强一千倍。但我儿子的成就没有被他的祖父注意到，这简直是不可原谅的事情之一。

那么，问题到底出现在哪里？在哪个星球上，你可以逃避责任，径直走开，以牺牲孩子为代价来保护自己？那是什么星球？你从哪儿学来的？你在哪个学校学到的？哦，我知道了……在起飞前的指示中，他们告诉你要计划好你的出口，用你的坐垫漂浮，并先戴上氧气面罩，对吗？在帮助别人之前一定是这样的。那些所谓的飞行前指令的智慧什么都不是。真正智慧的体现：我一生中最自豪的事情就是我和儿子的关系。

父亲在写给我的信中抬头总是写着我和我妻子两个人的名字。我一生中唯一正确的一件事，就是和我的妻子保持了长达二十七年的婚姻关系，而且现在还在继续。然而，我的父亲可以说是有一系列的配偶。这些年来我怀疑他总共有七八个妻子，能够确定的是四个。我母亲是第一个。我后来还得知，父亲在后来的婚姻中生了一个和我同父异母的妹妹。我们从未见过面，但我相信我们的讨论一定会很引人入胜。我不知道对妹妹来说，他是一个怎样的父亲；至少我希望，他对妹妹来说是个更好的父亲。但我和他见面的时候，她并不在周围。他很少谈论她，但是关于他的继子女的话题却没完没了。我不确定他是想通过对他们的溺爱给我留下深刻的印象，还是他这个人仅仅是同理心太弱。比如邀请盲人去看无声电影，或者邀请酒鬼喝酒。我记得有一次我去拜访他的现任太太，他提到他是如何资助他的继女上大学的。10 岁的时候，父亲的继女想成为一名兽医，而父亲想要帮助她。那时，我自己还没有上过大学。我记得当时我非常惊讶，他对一个陌生人的孩子——尽管是他现任妻子的孩子——的关心超过了对自己孩子的关心。我感觉自己像在迷雾之中。

他毫不含糊地告诉我，伯克家族的所有成员都会读大学。如果我不念大学，那我将是伯克家族一百年来第一个没有大学学位的人。他说：“我会出席你的毕业典礼。”在那之后，我毕业了两次：一次是获得会计学士学位；另外一次是获得工商管理硕士学位。两个典礼他都没去。从大局来看，这并不重要。我不是为了他才这么做的。我这样做是为了我自己，是为了我的家人。我想给自己最好的成功机会，最光明的未来。不管他在不在，我都会这么做。然而，我儿子毕业的那一天，我只有可能出现在两个地方：要么在他的毕业典礼上，要么在棺材里。

当我和父亲第一次重聚时，我拥有并经营着两家公司。当时，其中一个的规模正在快速增长。这种增长给两家公司的资源带来了压力：现金、人力、我的时间和精力，等等。我的两家公司一家是当地的二手车销售和服务企业；另一家是金融服务企业，主要为特许汽车经销商提供自有品牌融资来源，为汽车维修提供资金。两家之中规模较大的公司覆盖了 46 个州。这两家公司都是现金密集型企业。如果我的经营账户低于 10 万美元，那我就会乱了阵脚，会彻底崩溃。我花了很多钱来平衡这两项业务，而现金是我唯一的保障（也是我内心的平静的保障）。所有的事情都必须运行得几乎完美，才能让两项业务正常运转。然而，不可避免的是，有时事情并不那么完美。有一段时间，我们遇到了一些无法预见的挫折。我在加州设立的一个经销商申请破产，他们支付给我们的支票被退回了。我们知道，破产后的追债是徒劳的。我们有一辆车已经被偷，还有一辆在经销商冲进我们家推销后提前报废了。当然，我们是有保险的，但对于现金流来说，时机决定一切。我的钱快花光了，担心发不出工资，我感到恐慌——这是我一生中为数不多的几次恐慌之一——并且任由自己成为这种恐慌的受害者。那一刻，我被恐惧所麻痹，呼吸急促，感觉天旋地转。想象一下，我为之努力的每件事都失败了，所有信任我、支持我的人都失望了，我把他们托付给我的每件事都置于危险之中。

就像我在危急时刻经常做的那样，我给妻子打了电话。她在学校。我竭力保持镇静，但还是忍不住对她说，我们的钱快用完了，我不知道该怎么办。我完全不知所措。我的感觉开始迟钝，身体发软，思维开始变得迟缓，时间似乎过得很慢。她说她要给我父亲打电话。我没有力气反对。那时候，我已经没有斗志了。几天后，我们收到一张 2 万美元的支票。当我们聊到这件事时，他说这是对我的补偿，对那些他错过的生日和圣诞节，以及未来将要错过的那些的补偿。当他和我妻子聊天时，他告诉她，他只是想让我的生活变得更好。我很感激他的帮助。我们把现金存入银行，却从未动过……幸运的是，尽管无限接近那个边缘，但我从未落魄到不得不动用父亲的资助。那是在我一生中他唯一一次帮助我。

几年后，我母亲去世了。她省下了相当多的钱，还买了房子和汽车。我是唯一的继承人，所以我得到了一大笔意外之财。这些年来，我已经成为她的房子、汽车和银行账户的共有所有人，所以她去世后的过渡相当顺畅。我们在我儿子 4 岁生日那天安葬了我母亲。我父亲带着他当时的妻子和她的女儿（也就是我所谓的妹妹），来参加母亲的葬礼。那天是 2001 年 6 月 15 日，是我最后一次见到他。在我们上次的电话交流中，他让我把他寄给我的钱还他。因为他推测我从母亲那里得到了很多钱，所以我根本不需要父亲的 2 万美元。我很惊讶，说道：“当然，没问题。”

我让我妻子给他开一张 2 万美元的银行本票。她把支票开好了。我们正准备把它寄出去。

“我想让你知道，我不同意这样！”她说。

“不同意什么？”我问她。

“把钱寄回去。因为这是你的钱，所以你有权想怎么做就怎么做。但我认为这完全是胡闹。”

“胡闹什么？”

“这家伙在你的一生中什么都没为你做过。”她说，“他为你做的唯一一件事，他现在还想要回去。想都别想！他这一辈子才给过你 2 万块，而我们的孩子每年都会花掉我们超过 2 万块的钱。试着做个该死的父母吧。”

有时候，当我妻子觉得我没有为自己说话的时候，她就想要保护我。显然，现在就是这样。她说的是事实。除了加起来总共几周的时间，在大约八年的时间里，没有任何证据表明我存在于他的生活中。我没有还钱，虽然这是一种非常自私的行为，但是我想让他为了我付出一些代价。至少那时，我想，他会有两万多个理由来想起我。我从未见过我祖父或者祖母，祖父在我出生前就去世了，而祖母对我的态度与父亲对我的态度相同。但我的感觉是，他们对他的投入比他对我的投入要多得多。

我之前写过：我知道有时候，乍一看似乎是最矛盾的情况，其实可以通过不同的思考方式来解决……为了我自己，根据我自己的判断，我需要弄清楚这一点。我父亲和我显然就是其中之一。这并不是我唯一纠结的大问题。对我来说，最重要、最混乱的问题是我和上帝之间的问题。

我曾经有一场信仰危机。我把教会看作是一种生意，仅仅想用教会来贩卖救赎和敛财。有一天我在家时，门铃响了。我去开门，来的人是耶和华见证会的信徒，邀请我和他们一起庆祝他们的信仰。他向我做了自我介绍，问我信仰什么。我条件反射般地说：“教育。我信仰教育。”从那以来，我一直在为是否应信仰上帝而挣扎。对我来说，关键问题在于：上帝真的存在吗？我的本性不是盲目地忠诚或顺从。因此，我陷入了这个无休止的循环中，挣扎着做出一个决定，而这个决定取决于那个无法回答的问题的答案。爱因斯坦说过，精神病就是反复做同样的事情，期望得到不同的结果。我认为试图证明一些无法证明的东西也有点像精神病。就在那时，我决定不再寻求关于上帝是否存在这个问题的答案，而是开始关注一个人的信仰是否有益于他们自己和整个人类。

我指导的一部分内容是，激励学员实现比他们自己想要实现的更多一点。我要让他们看到他们能成为什么，而不是他们现在是什么。我要激励他们超越自我，去实现他们曾经认为无法实现的事情；让他们振作起来，帮助他们发现并突破生活中那些限制他们的事情，帮助他们获得勇气去实现这些事情。我认为信仰对人来说就是这样。因此，我现在对教会的角色有了不同的看法，我认识到教会必须自我维持，以便继续支持自己的追求——培育信仰。在将所有事情都包含在考虑范围内之后，我仍相信，信仰会对人类有所裨益。因此，对我来说，这一课就是学会以不同的方式处理问题，并通过改变问题的性质和我的视角来寻求解决方案。

下一个棘手的大问题——数学问题——是将不同的变量混合在一起。在攻读 MBA 项目期间，我决定建立一个统计模型，这个模型将在保证个人的成功与组织正相关的情况下，基于一组关键绩效指标来衡量给定员工的整体绩效，并简化成一个绩效得分。假设我们有一千名员工，每个员工都用美元总销售额、利润占销售额的比例、回头客和推荐客户的数量，以及客户满意度指数、交易单元传送数量、订单取消数量、缺席天数、费用报告的及时性等来衡量员工的个人绩效。我希望能够用一个数字来表示每个员工的累计得分。当时的挑战是，如何将不同的度量单位混合在一起。

我为此奋斗了两年多。最后，我意识到，虽然我不能直接将不同的度量单位组合起来，但是我可以将它们共有的一些东西——它们之间的相对位置和相对均值的分布——进行组合。利用分布式绩效，我可以简单地对单个标准化得分求和。例如：将每个员工在某个指标上绩效 x 的平均值，作为该指标的平均绩效 μ 。然后，分布曲线上所有的个人绩效点与平均绩效点之间的距离的均值，除以平均绩效，成为标准偏差 σ 。当确定任何员工绩效的距离时，我可以用该个体的数值减去平均值，除以标准差，得到一个标准化的数字（Z）。标准化的数字表示某个特定员工的表现与均值相差多少个标准差，它对每个员工都适用。因此，这意味着可以用一个数字，而不是用一些以前无法组合的单位来代表一个员工的整体相对绩效。我将 Z 称为员工绩效衡量指数。

为什么有必要思考这些？想想今天世界上发生了什么。任何把关注特定人群作为一种可能的对策的提法都会遭到彻底的反感，并被贴上"定性"的标签。在大数据时代，你不需要对人进行定性，你可以精确定位和孤立人们的行为。在这种情况下，人的属性是滞后指标，而人的行为是先行指标。让我们以之前员工绩效的衡量为例。如果我们确定，对公司而言最有价值的员工是以美元计的销售数额最多、销售的利润率最高、回头客和推荐的客户最多、顾客满意度指数得分最高、交易单元数量最多，取消率最低、旷工次数最少，以及填写报告的速度最快等因素来衡量的，那么累积标准化数字最高者就是最有价值的员工。其他任何因素都与绩效的衡量无关，也不会纳入到测量范围内，也不为人所知（例如，种族、性别、宗教、性取向、左撇子或右撇子、头发或眼睛颜色、智商）。这纯粹是一个指标，根据所选择的关键绩效指标，衡量出公司所认为的员工的最佳绩效。

所以，回到我和我父亲之间混乱复杂的大问题上来。大多数问题之所以变得棘手，是因为我们陷入了一个超级难搞的问题：那些想要解决问题的人同时也是制造问题的人。我们不能或不愿意看到与我们不同的观点，因此，我们继续参与制造问题，尽管我们内心知道自己应该停下来。我们被情感所驱使，被情感所蒙蔽。我们社会的任何重大问题都是如此，例如死刑、堕胎、同性恋权利、种族主义，等等。我无法冷静地思考我被遗弃的事。我那时不能，现在也不能。我到死都不会接受他的行为。许多人也无法接受堕胎、死刑、同性恋权利，等等。所以问题依然存在，因为他们的价值观被一种存在的情况所冒犯，这种情况挑战着他们如何看待这个世界和其中的一切。他们情绪失控，退缩或爆发，在别人身上制造出他们不想要的行为。这会变成一个难以打破的自我实现的循环，每一次循环都被比喻意义上的离心力所强化。这一系列的反应中，每一个反应都会加剧另一个反应。

因此，作为一名训练有素的专业人士和冲突管理专家，我只能采用我认为有效的方法来打破这种循环。也就是说，认识到我父亲的行为只是他个人价值观的体现：可能是公平、自我保护、生存或自由。他经历的场景可能挑战了其中一个（或多个）价值观。然后，他做出受害者的反应，他逃跑了。也许这就是为什么我无法理解他的做法，因为我的天性是战斗，不管我遇到什么困难，都不会逃跑。毫无疑问，战斗本身也会造成不良后果。但我更容易理解战斗，因为我永远不会理解为什么要逃跑。也许这就是为什么我觉得这些信是如此无耻和自私，他的防卫如此令人恼火，因为它包含了我最强烈反对的东西。他确实在把自己变成受害者之后，又以最难以想象的讽刺和悲剧的方式伤害了我，并将这种伤害继续下去。别人对他做了什么，他就对别人做什么。同样，我选择了冲突。我不想再成为受害者，我抗争了……像别人对待我一样对待别人。我们俩都很伤心。从这个角度上讲，我们是一样的，但是仍有不同之处。我已经改变了我的本性。我现在可以与自己和解了。但他没有改变，我不知道他是怎样生活的。

多年来，由于我被抛弃过，我一直在惩罚自己和周围的人。想想这是多么疯狂，多么违背常理啊。但是，我还是这样做了。我认为我没有足够优秀到让父亲想留下来抚养我。我相信他做出的离开的选择是与我有关的。然后，我想到我对自己儿子的感觉：他给了我生命的意义和目标。我是多么幸运，在我最糟糕的时候，他和我的妻子仍然爱着我，但我因为自己被抛弃而惩罚着他们。有一天，我妻子说她和我儿子都害怕我，因为我脾气太暴躁了。那一天，我突然明白，是时候开始改变了。

改变是增强对自我的意识和对他人的意识的一种结果。对我来说，最难以解决的冲突案例是由于陷入冲突中的主人公的行为对他们自己没有造成任何后果。许多年来，我就是这样……直到我克服了这一点。然后，在一场壮观的撞墙表演中，我就像一个上了发条的玩具一样，被弹回来，再一遍又一遍地砸着墙，直到墙将我撞碎，然后我才开始改变。我父亲能够一直持续他的所作所为，是因为他的行为没有给他带来任何后果。所以，如果没有严重的后果迫使他改变，那么我也不敢奢望他将来会改变他的所作所为。我已经接受了他不会改变的未来。我已经接受了他不是我生活的一部分，也不是我儿子生活的一部分。但我永远无法与过去和解。

我经常回想，我和父亲名字相同，这是多么荒谬啊。我是第四个理查德，但是第一个理查德·威廉——我父亲试图让我拥有自己的身份，但失败了。产品重新发布（一种最初在市场上失败的产品，现在正准备重新推出）营销的第一条规则是完全更改产品的名称。我儿子的名字故意不叫理查德；我觉得我也不应该叫理查德。事实上，我儿子的名字是以字母表中离R最远的字母开头的。

在很多时候，我称自己为R.W.伯克。虽然我很想彻底改变我的名字——我经常想用假名出书——但我想避免由此带来的所有法律纠纷。相反，我寄希望于剥离、分解和最小化这个标签在我身上的作用。所以R可以代表其他的含义。R可以代表：反思、准备、愤怒、现实、理由、责任、实现、重现、反应、发怒、避免、重复、评估、回应和解决[①]……反正不代表理查德。

当我写完这本书时，我将和他永远断绝关系。我不会再想起他，因为他不值得。他对我来说已经死了。如果对方不参与解决问题，你就无法解决与对方之间的冲突。这不是一条单行道。如果这是他在真正去世前从我这里听到或读到的最后一句话，我可以接受，因为我已经与自己和解了。

回应：训练自己情绪控制力

“火不能用来灭火。水却可以。”

——L.E.法莱斯

---

① 反思、准备、愤怒、现实、理由、责任、实现、重现、反应、发怒、避免、重复、评估、回应和解决这些词的英文拼写以R开头。

我妻子哭了。“你就是这样训练别人的吗？”她带着控诉的口吻问道，“你对他们大喊大叫？这对别人有什么帮助呢？你这个教练真差劲。”

我保持着绝对的安静。她对自己造成的局面感到不安。当她陷入这种情况，感到十分沮丧但却无能为力时，我会建议她要控制这种局面。她让自己成为这种情况的受害者，而我对她的无能为力或不想掌控局面的事实感到十分沮丧。

好吧，那就是现实的故事版本。我真正想说的是，在经历过一场能让你回想起过去的情绪爆发以后，“去掌控生活吧”。没有什么比被困在一种处境中，无能为力、毫无办法、赤裸裸地屈从于那些显然只关注自己的最大利益、而忽略我的利益的人的奇思怪想更能唤起我内心深处那种混蛋的感觉了。为了她，我需要反抗。那次反抗充满了无限的、无法抑制的愤怒。在半个世纪前被一次进攻伤害之后，这种愤怒仍然随时待命。

每个星期五或星期六晚上，我们会共进晚餐。这是我们的规矩。我每年有两百个晚上不在家，所以这是一个让我们重新联系和放松的机会。自从我儿子出生后，每周五或周六晚上，儿子的外婆都会来照看他，这样我和妻子就能够有机会共进晚餐了。有一天晚饭时，我妻子给我讲了一个她在新学校参加会议的故事。在过去的十几年里，她一直在市中心的一所特许学校教书，她担心学校的特许证书可能得不到续签。所以，她决定在这个区域内寻找其他的工作机会。她在当地一所规模较大的高中找到了一个合适的职位。她将离开那所有 200 名学生的学校，转到一所有 2000 名学生的学校任职。新学校的教职工人数也比原来的学校多10倍——从原来的20位教师变成200多名。此外，还有额外的职位头衔：教师、主导（主导教师）、部门主管和行政。我总是担心学校的安全及她的工作条件，但是她说学校里有一个卫星警察局，而且设施是最先进的。最令她兴奋的是升级的设施，这让她在那里的日子更容易忍受。

我并不总是赞同她在职业生涯中所采取的行动，但她总能够证明是我错了。她有一种不可思议的能力，能在正确的时间做出正确的决定。这是我一直嫉妒的能力，因为我的能力似乎完全与之相反。然而，在她接受这个职位的几周前，我确实感到她有些惶恐不安。整个夏天，她都要参加一个研讨会，这让她得以与一些教职工见面。接待她的人相当冷淡，尤其是一位老师，他之前教的是一个高级英语班，现在我妻子负责这个班，而主导教师是他的好朋友。事实也证明，她的恐慌是有充分理由的。

她参加了这个会议，主导老师正在点名。当他点到我妻子时，他检查着名册，并说道：“伯克。”妻子回应出席后，他顿了下，接着说：“你不是B-u-r-k-e，你是B-u-r-k①。”然后笑了：“你知道那是什么意思吗？”

我的妻子半信半疑地听着，不想再做出任何可能带有贬义的评论。为了使研讨继续进行，她很快地回答说：“我当然知道那是什么。”虽然她并未了解这个词背后的意思。所以当她告诉我这个故事时，我在网上搜索了“burk”。根据一本在线词典，

---

① 姓氏伯克的英文Burke与傻瓜的英文burk发音类似。

burk 可以指笨蛋、傻瓜或者白痴。但是，当我在其他一些在线列表中了解到更多的用法时，我了解到它也是一个俚语，用来表示阴部。当我给她看的时候，她很震惊。这是正常的反应。任何对于她名字的隐喻都是不合适的。不管怎么说，这是她的夫姓，那家伙其实说的是我的姓氏。我告诉她应该进行正式的投诉。我不想让她回去。我觉得这家伙明显不专业，应该从领导位置上被撤下来。

我越想这件事，就越愤怒。当时，我想象着到访学校，将那个混蛋从教室中拖出来，打到他接近死亡。然后，将他的车点燃，让他的屁股在一片燃烧的火海中被烤成肉饼。希望在此之后，他能记住，欺负女人是最恶心的事情。

然后她告诉我关于这个混蛋同伙的事。这些家伙总是有同伙。他的同伙是一位老师，我妻子接手了这个老师的一个班级，因为妻子的能力更强。这是她接手那个班的主要原因。因此，这个老师觉得自己受到了轻视，他就像我们的圣伯纳犬能够快速学会利用自己的形体来吸引人或对象，从而抓住他们的注意力一样，不断地对她进行肢体上的恐吓。妻子说，她与这个老师交流时总是很紧张，因为他的姿势有点威胁的意味。

妻子和我一起生活了将近三十年，这中间唯一欣慰的是她不会轻易害怕，她努力坚强让人印象深刻，实际上，她有时也很脆弱。

妻子无视我的震惊，继续告诉我缺乏行政人员的响应。她相信那些人只是想让情况“消失”。工会代表在解决这个问题上毫无用处，甚至比无用更严重一点，他们简直是在阻挠这个问题的解决。纽约市人力资源部门的负责人同时也是该市的律师，一方面，他想彻底调查情况，保护员工不受职场欺凌和骚扰，另一方面又想解决纠纷，让一名教员重返工作岗位。

我一边听着，一边想象一个人在和自己下棋，在每步棋之间转动棋盘，试图保持独立专注，让之前每步棋不要干扰下一步棋。然后，一个游离的想法出现了：因为她具有专业资格，所以她提出转回之前的学校任职，并且那个学校刚好有适合她的职位。然而学区却拒绝帮她调回原来的学校。因此，尽管有现成的解决办法，学区却在没有明显原因的情况下拒绝解决问题，让本已僵持的局势继续下去，毫不妥协。这种情况开始对她的健康产生负面影响。她开始出现危险的高血压，现在需要医生持续监测，并使用处方药物加以控制。这对她来说太难了……对我也是。我被她的绝望压垮了。就在那时，我说出了那句话：“去掌控你的生活吧。”

她之所以感到震惊，无法掌控局面，部分原因是她过去从未遇到过类似的情况。她的职业选择毫无疑问是合理的，无懈可击的。基于这一点，她被一个失败决定导致的后果吓呆了，也完全被棘手的困境本身困住了。现在，由于缺乏采取任何行动的信心，她以一种类似塞利格曼习得性无助（Seligman's learned helplessness）的方式陷入困境。虽然我的话当时十分严厉，却让她能够跳出当下，展望未来。这是任何一个有能力的教练的主要职责之一。当然，考虑到我在情感上的投入，我和其他任何普通的教练投入程度都不一样，但方式是类似的。当我们更平静地谈论这件事时，她问我怎么能说出这样的话。我只是简单地解释说，有时候人们需要“受到一记重拳”才能清醒过来。这种非字面意义上的隐喻代表一个人被挑战后，才会站起来捍卫自己：从受到某种情况的伤害到愿意结束这种伤害。当生气时，要调解，要停止伤害，要结束痛苦，只要说：再也不要这样了。我们有一段时间没有再谈论这件事。但当我们再次谈论这件事时，她感谢我帮助她前进。她意识到自己一直在扮演受害者的角色，把看似无法解决的情况当作事实。

在感谢我帮助她走出自我怜悯和自责的泥淖后，她解释说她对此事感到愤怒。她对周围的环境感到愤怒，对于缺乏支持和帮助感到愤怒，对于这种明显得到宽恕的令人反感的行为感到愤怒，但后来突然意识到这是她自己的处境，只能由她自己来解决。她制订了一个计划，要设法摆脱这种局面，同时也要最大限度地利用她所拥有的时间，把最不幸的情况看成是塞翁失马。

用 IPEC 的话来说，她已经改变了。她经历了受害者、冲突，再到责任这三个阶段。她每个阶段都比前一阶段更健康。她成功地把消极的反应转化为积极的反应，把消极的情况转化为积极的情况。她以一种令我自豪的方式训练自己。

将反应转化为回应需要一种自我责任感。这很简单，只需要愿意承担自己的行为：不要责备，忘记是谁的过错，消除愤怒及对占据优势或者报复的需要，并完全理解和接受在任何情况下解决方案都在于自己。有时候，你必须训练自己。

这是一个持续的过程。即使对我来说，这也是一个过程。一个瘾君子会说：“一旦上瘾，就永远上瘾。”从这个意义上说，我永远是一个“瘾君子”。我必须不断地监控自己，关注自己的反应。无论我变得多么没有反应，仍然有一些让我不那么自豪的时刻。我仍然有一些时刻必须训练自己。

举个例子，我的日程安排十分疯狂。我通常没有发生旅行事故的余地。提前一年预订对我来说并不罕见，所以任何旅行中断都会波及一年的行程和预约。一天早上，我正要去马萨诸塞州的威尔伯勒姆。前一天晚上，我住在马州斯普林菲尔德的一家旅馆里，这里离威尔伯勒姆很近。我的通勤时间大约是 15 分钟。收拾好行李离开酒店后，我在一个红灯前停了下来，查看了我的电子邮件。我看到了前一天晚上晚些时候，航空公司发来的紧急信息。我原计划第二天从哈特福德飞往费城，到南新泽西工作。邮件中说航班已经取消。我的眼睛一离开屏幕，我的能量——能量水平——就开始下降。我立刻做出了受害者的反应，给我妻子打了电话。她是唯一一个会听我抱怨的人，这么多年来她已经听了一千遍了，因为我已经有很多年都在路上工作了。

“我的航班被取消了！”我说。

“为什么？”

“我不知道。没有给出理由。”

“现在怎么办？”她问我。

然后，我的受害者的反应开始涌现。“他们不明白我有多忙吗？”我发泄道，“我不能取消航班，这会给我的行程带来噩梦。现在，我要花一整天的时间来解决这个问题。然而 20 分钟后我有一个会议。我永远不会有足够的时间来解决这个问题。我一整天都会很忙。”

“你为什么不开车？”她建议道。

“时间来不及了！”我说，“我已经在费城租了一辆车，订了酒店，所以，如果我不能飞去费城，我租的车和预订的酒店全都浪费了。”

“好吧，如果你需要我做什么，请告诉我。”她说。然后，她挂断了电话，因为她知道在我处于这种状态时，和我交谈是毫无意义的。当时没有解决办法，我也不准备解决它。然后我转向了冲突模式。“那航空公司很差劲，那里的人都没用。坐飞机旅行太不靠谱了。我再也不坐那家航空公司的飞机了。我有一半的航班不是延误就是取消，太可笑了吧！处理这种烂事的人不应该是我。或许航空公司的某个人正在打电话想帮我重新订机票。真糟糕！”

然后我转向责任模式。“好吧，我应该预料到的。旅行是其中的一部分。这份工作很有价值，很有成就感，太棒了。无论怎样，旅行都很糟糕，所以至少工作带来的成就感让旅行的痛苦是值得的。10分钟后我有个工作要做。那里的人应该值得我展现出最好的自己。如果我处于这些模式中，我就不能做到最好。我需要按下重置键，抬起头，所以当我敲门的时候，我处于最好的状态。我可以在午餐时间把旅行的情况弄清楚，也可以打电话给商务旅行服务台，让他们帮我搞定这些问题。明天早上我要从普罗维登斯起飞，这样我就可以在家里住一晚，我可以保留旅馆和汽车的预订，但要更改日期，我相信他们会接受的，因为我的航班被取消了。”

然后我转变成关怀模式。“我需要向与我共事的人展现出我最好的一面。如果我只关注自己的问题，我就不能全身心地投入到他们的问题中去。这对他们不公平。为了他们，我需要做得更好。我敢肯定航空公司的人也受到了打击。因为他们比乘客更不希望这些航班被取消。航班取消会打乱机场的运行秩序，并减少航空公司的收入。天气很好，所以问题可能出在机组人员或机械人员上面。这可能是最后一分钟的问题。”

当我的电话响的时候，我终于进入了和解模式。

“你好！”我说道。

“伯克先生，我是 ABC 航空公司的梅勒妮。我想帮您重新订票。您原定于今晚从哈特福德起飞的航班被取消了。你今晚还需要去费城吗？”

“我想明天早上 6 点从普罗维登斯出发！”我说。

“让我看看有没有合适的航班！”她说，“返回日期不变吗？”

“回来的日期是一样的。”我说，“我认为是星期六早上。”

“我们有一个往返的行程，在费城与长岛的麦克阿瑟之间往返。”又过了一会儿，她问道，“您喜欢靠窗还是靠过道的座位？”

“过道。”我回答。

“好的。”她说，“我帮您重新订了明天早上 6 点从普罗维登斯到费城的航班，星期六早上 8 点回来。这样可以吗？”

“当然！”我说，“谢谢你的帮助，十分感谢你在这件事上的积极主动。”

“我们感谢您的耐心。”她回答。

我一边挂电话，一边把车开进了当天要进行咨询辅导的那家经销店的停车场。整个过程不到 15 分钟。我经历过一种违背我价值观的情况——我的航班被取消了。这冒犯了我的价值观，因为我已经答应经销商，我将第二天在南新泽西工作。我最初的反应是作为一个受害者，感到无助和无力，对别人的帮助不感兴趣，也无法自我救赎。然后是冲突模式，对航空公司、对航空公司的员工、对自己对于这种交通方式的依赖、对整个世界感到愤怒。接着，训练自己转向责任模式，然后是关怀，最后是和解。最终，问题得到了解决。但如果我能跳过负面反应，简单地看看当时的情况：航班被取消了，我本可以更快地解决这个问题，而且不会那么戏剧化。

我经常告诉学员要跳出当下的情景来看待问题。当我看到别人的行为时，我提醒自己他们的行为只与他们自己有关，而与我无关。我知道他们只是在尊重自己的价值观，不管我是否认同这些价值观。我试着把当时的情况看成一个需要解决的问题，这需要我成为最好的自己，并实现最好的结果。就像我对我的学员们说的那样：“与人打交道永远不会结束。”显然，我还有更多的工作要做。

第十二章　第五步：精心设计自己的回应模式

“在刺激和回应之间，有一个空间。
那个空间是选择我们的回应的力量。
我们的回应中包含着我们的成长和自由。”

——维克多·弗兰克尔

“我现在完全不那么想了。”我们聊了一会儿后，加里说。

“为什么？”我问他。

“因为这不是他的错。”他说。他提到之前向我描述的那个场景。在那个场景下，他情绪完全失控，甚至想把桌子掀翻。当我向他了解更多关于那个场景的细节时，他解释说，这是因为他觉得有一个销售人员既愚蠢又天真。当然，我马上就知道，那只是他因为自己的个人价值观被冒犯后产生的冲突反应，但我们还没有到那个步骤。

我和加里见面是为了继续我们几个月前的对话。他描述了自己最近面临的一些挑战，那些他称之为让他"脾气暴躁"的挑战。我问他，他是否觉得自己的这一点妨碍了他。他说他觉得这一点确实阻碍了他，他觉得这让他退缩了。我告诉他，我相信很多人会因为无法与他人相处从而在个人生活和职业生涯上退缩。相反，如果他能以塑造而非摧毁他人而闻名，那么他未来的机会或成功将是不可估量的。

我像往常一样问了加里一些问题。"哦,天哪！"他立刻说。然后,在短暂的停顿之后,他给出了以下价值观关键词:驱动力、诚实、公平、热情和进取。

"很好！"我说，"这是一个完美的清单。接下来，我想让你描述一种场景，这种场景往往会让你表现出最糟糕的一面，把你变成你不想成为，但无论如何都会成为的那个人。"

"哇，这真难！"他说，"任何场景，只要没有朝着我预期的方向发展，都可能会让我暴露出自己最糟糕的一面。"我们继续交流。他更详细地描述了那天早上发生的具体情况。"就在今天早上,"他开始说,"我和艾文一起工作。艾文和销售前台一起，试图完成一笔交易，并问我关于利率的事情。我无意中听到他和他的顾客，还有他和销售部经理之间的一些对话。顾客告诉他的事情，其中有一些我认为是不真实的。我觉得艾文也应该怀疑它的真实性。但他没有质疑客户，只是把客户说的话当作真理。然后他想让经销商做出让步，以低价卖出一辆紧俏的车。这一切都是因为他既没有胆量，也没有智慧去理解发生了什么事情。"

随着他对细节的描述，他的动作越来越激烈，声音也越来越大。“销售人员只是假装配合，因为他们太懒了，都懒得把屁股挪下来跟顾客说话。我告诉艾文，‘你就是个白痴。那家伙不会照他告诉你的去做，别被他的花招骗了。别犯傻了，滚出我的办公室，除非你把脑袋从屁股里掏出来，否则就别回来。让我为那个该死的交易融资，想都别想。’我真想把桌子掀翻。我说，‘滚蛋，白痴。’”他说着，举起双手的中指，指着想象中的销售员和前台经理。

“好的，很好。这是一个很好的例子，说明了你最糟糕的一面。谢谢你和我分享。我之前提到过，我将在交流的过程中把这些点连接起来。现在我们有了你的关键词和你描述的场景，我们可以开始把这一切联系起来。当我让你假装向一个陌生人描述自己时，你实际上是在声明你的个人价值观。识别个人价值观是至关重要的，因为所有的人类行为都是个人价值观的体现。如果我跟在你身边足够久，我就能够了解你的价值观，而不需要你告诉我。”我停顿了一下以示强调，“它们体现在你的行为中。当你确定你的个人价值时，你也在确定你的触发器。”我提示道：“当一个人觉得自己的个人价值观被冒犯时，冲突就会出现。当有人觉得他们的个人价值观被冒犯了，他们会情绪失控，做出反应。你能理解吗，加里？”

“当然！”他说，“就像闪电一样。”

“以什么方式呢？”我进一步问道。

“好吧，你知道，有时我可能会陷入一种不像我希望的那样进展的场景中，然后就会突然发生闪电打雷般的事情。闪电就像是环境中的刺激因素会增加我的情绪能量，然后雷声是随之而来的爆发。”他阐述道。

“这是一种很好的描述方式，加里。”我夸赞道，“当有人觉得他们的个人价值观被冒犯了，他们就会变得情绪化。”我开始说：“这种情绪必须被抑制或释放出来。如果情绪被抑制，那么反应就属于受害者模式。处于受害者模式的人会退缩，停止交流，感到无助和无能为力。他的想法是‘我输了’！”我接着说：“或者，如果情绪被释放出来，反应就属于冲突模式。那个人会大发雷霆，变得愤怒、好斗、好争辩，他会认为‘我赢了’。当我们做出反应时，我们不是最好的自己，也不会产生最好的结果。反应造就赢家和输家：如果我们以受害者的身份做出反应，我们就是输家；如果我们在冲突中做出反应，那么对方就是输家。虽然从某个角度来说，你可能是赢家，但通过在冲突中做出反应，赢和输是一样的，因为你将直接以牺牲对方为代价赢得胜利。在下次有机会报复时，对方同样会表现出这种行为。有时候，我们在别人身上制造了我们不想要的行为。这往往是我们自身行为的副产品。”

“好吧，我明白了！”他说。

“所以最大的挑战就是学会如何中断消极的反应，然后把它转变成积极的反应。”我大胆地说，“它仍然允许你在某种情况下成为赢家，但你不必直接以牺牲他人为代价。这是一个你会感到骄傲的回应，能让你成为最好的自己。”

“你是怎么做到的？”加里问我。我可以看出他已经开始在脑子里谋划了。“如果我能学会怎么做那就太好了。公司里会平静得多。”他说。

“任何人都可以学会怎么做。”我安慰他说，“这很简单，但并不容易。我想请你思考一下今天早上的场景。根据你给出的关键词——你的个人价值观——你认为艾文的行为最可能冒犯了你的哪种价值观？”

“可能是驱动力。”他说，“但也许包括公平和诚实，也许热情和进取也是。这就像一场完美的行为风暴……艾文的行为、销售经理的行为、顾客的行为都集中在一起。我认为艾文驱动力不足，对顾客不够主动，这对经销商不公平。这就变成了一个不平衡的交易。我觉得顾客是不诚实的，因为顾客只是滔滔不绝地说了一大堆东西。而且我也认为前台经理没有足够的热情来挖掘出这笔交易的最大价值……你知道，我们每笔交易都需要这么做。”

“好了，非常好。这是一个很好的分析，加里。”我说，“现在让我们把注意力集中在艾文身上。在你的闪电反应中，他确实受到了重击，对吧？”

“是的。”他确认道。

“所以为了分散你的闪电反应，加里，我们需要做的是消除艾文的行为给你带来的冒犯感。如果没有冒犯感，你就不会产生情绪。如果没有情绪，就不会有反应。没有反应，我们就只剩下一个场景……一个需要解决的问题。”

“好吧，听起来不错。那我们应该怎么做呢？”

“你对艾文了解多少？”我问他。

“我很了解他！”他说，“他是一个很棒的人。一个真正正直的人。”

“加里，如果你需要猜测艾文会如何向陌生人描述自己，那你认为他会如何描述？”

“我真的不知道！”他说。

“那么，根据你对他的了解，你会怎样描述他呢？”

“他很随和，讨人喜欢，不会捣乱。他是个真诚的好人。”

“你认为他是在寻找人们最好的一面吗？”

“那是肯定的！”他说。

“那么，加里，如果艾文的价值观与你所描述的相符，你认为，如果像今天上午这样与客户合作，他会如何表现得符合这些价值观呢？他会不会怀疑他的客户在说谎，然后质疑客户来证实他的说法？”

“不，我认为不会。”他承认。

“所以，从今天早上的情况来看，你是否认为他只是在通过他的行为来尊重自己的价值观？”

“我想是的。”他说。

“现在，如果你能认识到艾文今天早上的行为只是在尊重他的价值观，那么这是否仍然给你造成很强的冒犯感，就像你之前觉得他是故意这么做的一样？”

“不！”他说，“我现在的看法完全不同了。这不是他的错。”

“那么，这种情绪消失了吗？”我问他。

“是的。”他说。

“好的，太好了。”我为他鼓掌，说，“你现在已经学会了如何中断自己的反应。”

“太强大了。你应该去上《菲尔博士》[①]之类的。”

“我很感激！”我说，“我还不确定我是否属于菲尔博士的阵营，但我真的很感谢你这么说。所以，加里，你可以通过认识到你所看到的冒犯你个人价值观的行为，只不过是别人对自己价值观的尊重,从而中断自己的反应。这和你一点关系都没有。不管你在不在,他们都会那样做。他们的行为只与他们自己有关，而与你无关。然而，你的反应只与你自己有关，而与他们无关。你能理解，期望并相信所有其他人的行为都符合你的个人价值观是多么疯狂的事情吗？”

“我明白了！”他说。

“你对今天早上你对待艾文的方式感到自豪吗？”

“不，当然不。”

“好的，那你会对什么样的回答感到自豪呢？”我问。

“嗯，我本可以指导他的。”他说。“我本可以解释我听到顾客说了什么，比如我觉得顾客对我们并不完全诚实。如果我们不质疑他，就会出现对他有利但不公平的结果。我本可以主动提出亲自去和客户谈谈。我本可以支持和帮助他。”他总结道。

“完美！”我叫道，“这正是我要说的。这就是你如何将反应转化为一个回应，将互动从消极转化为积极，将你的能量从冲突模式转化为责任模式。你愿意控制自己的行为，不再参与所谓的超级难搞的问题。”

---

① 《菲尔博士》是美国一档著名的访谈类节目，主持人是著名电视心理学咨询专家菲尔·麦格劳。

“超级什么？”他笑着问我。

“超级难搞的问题！”我重复道，“指的是那些想要解决问题的人，同时也是制造问题的人。应用在这里，指的是你显然想要提高与同事和经理的互动水平，但与此同时——由于你的个人价值观之一受到冒犯，你任由自己被情绪所控制——你做出反应，你的反应对自己或他人都会造成伤害。当你意识到别人的行为仅仅是尊重他们自己的价值观时，你就中断了反应，消除了你对对方行为的故意性的感知，同时减弱与之相关的冒犯感，从而做出回应，而不是做出反应。你可以保持以解决方案为导向，专注于要解决的问题，在解决问题和人际交往方面都更加富有成效。这样，你就不再参与制造这个问题了。”

“理解这一点的重要性在于，明白如果你不发起或参与冲突，冲突就不会存在，那么情绪也就无法再控制你和你的行为。当你允许自己被情绪所控制时，你实际上是在把你的控制权交给任何违背你价值观的人。他们通过你的反应控制你的行为，而不是你在控制。当你不再做出反应时，你就完全掌控了自己。这是一个过程，加里。我不希望你灰心丧气。下次你的价值观被冒犯时，你可能会情绪失控，可能会和以往一样爆发出来。然后，你会对自己说：‘哦，是的，我不应该那样做。我应该以不同的方式处理这件事。’”

“不要灰心，”我又说了一遍，“这是有可能发生的。在那之后，你会中断反应，克制自己。这意味着这种情绪仍然存在，但你会抑制住最具破坏性的反应。这将给你一些信心，你不必每时每刻都成为某人的噩梦。但在那之后，你会中断反应，情绪强度也会减弱。你会开始看到他人行为的本质：他们只是在尊重自己的价值观。在那之后，情绪将不复存在。你甚至可能已经意识到这种情况的形成，意识到这种特殊的情况是一个‘危机状况’，一个容易冒犯你价值观的情况。你会准备好，你将开始解决问题。”

“这种情况将会被缩小到它的最小形式……例如，一个客户正试图在地球上某个地方的汽车经销商处购买一辆汽车，一个销售员正在接待这位客户。由于客户不相信经销商的销售员或流程，他采取了敌对的姿态，并利用错误的细节来增加他们在购买过程中的优势。为了顺利地促成这次销售，销售人员会与销售经理和业务经理沟通这些细节来促成交易，尽管他并不知道这些细节有误。在你的案例中，加里，如果我们一起努力解决这个问题，你觉得最有效的解决办法是对抗、蔑视、侮辱销售人员，然后用肢体上的威胁将他们赶出办公室，最终导致他们对客户做同样的事情，然后使交易失败吗？这会给我们带来最好的结果吗？”

“啊，应该不是！”他说。

“加里，当你去上班的时候，你会对自己说：我今天的计划就是做最糟糕的自己，并确保最坏的结果发生吗？”我反问道，“不，当然不。为什么？因为你需要做最好的自己。你需要创造最好的结果，因为只有这样你才能使成功最大化。在工作上取得最大的成功会让你成功地养家糊口。不要每天只表现出你工作能力的 50%、60%，甚至 70% 或 80%。在那种情况下，你是在与自己作对。你需要每天表现出能力的 95% 到 100%，因为这会给你和你的家人最好的生活。我相信我们假想的解决方案听起来很疯狂，但实际上，这正是今天早上发生的事情。反应对任何人都没有好处。我知道我听起来像是在说教，但事实是，如果你能把这些东西弄明白，那将会改变你和你周围人的生活。”

解决：学习管理冲突将会改变你的人生

“下定决心，你就自由了。”

——亨利·沃兹沃斯·朗费罗[①]

在我看来，大型组织中出现的问题与我们国家出现的问题非常相似，这让我十分惊讶。我在大公司工作的时间越多，它们就越像我们的国家，反之亦然。同样，这些实体的雇员只是我们不断扩大的人口中的一小部分，这证明了其惊人的多样性的力量，但也显示了在同化方面的挑战。

以一个组织的文化为例。如果一个组织具有强大的文化实力，当不同的人进入到该文化中时，这些人就会遵从该组织的文化。它改变了他们。他们会适应组织的集体观念，包括期望、公约、政策和程序。这是一种共同的语言，一种共同的经历，一种纽带，它将这个群体——本质上是不同的人，恰好带着各自的目标和议程在同一时间出现在同一个地方——转变成一个团队。因为，有着共同的目标及相同的个人价值观，一群人才

① 亨利·沃兹沃斯·朗费罗（1807—1882），美国诗人，翻译家。代表作《夜吟》《奴役篇》等。

组成了一个有凝聚力的团队。虽然每年组织进行的使命陈述、愿景陈述和组织价值观陈述等只是口头上的门面话，但这也是一笔不小的财富。事实证明，最强大的组织的确是由它们所陈述的价值观紧密联系在一起的。清楚地传达一个组织的使命，可以让该组织中的每个人知道哪些行为是可以接受的，哪些行为是不可接受的。它允许他们以某种方式行事。价值观非常明确的组织不需要层层管理来无休止地审查和评估每一个员工做出的决定。他们只是教育——灌输给员工关于组织所代表的东西，并期望所有员工行为都会体现组织的价值观。

以与我合作的一家大型区域性汽车集团为例。他们已经建立好了三大支柱。按特定的顺序排列，这三大支柱分别是客户满意度、员工满意度和赢利能力。为什么？因为如果他们的一名员工面临着解决客户的问题，并且由于某种原因经理无法做出决定，那么该员工可以依靠这三条支柱来支持自己做出决定。如果他们通过尊重客户的满意度而不是提高赢利能力来解决问题，这可能会让公司损失一些钱，那么员工应该对他们的经理和公司有充分的信心，相信他们会支持自己坚持公司价值观的决定。

婚恋交友网站和谐在线[①]声称，与所有竞争对手相比，该网站拥有最高的恋爱匹配成功率。根据它的主页，它的成功来源于其特有的29个维度的相容性。该网站的创始人尼尔·克

---

① （eHarmony无中文官方译名，故自译）和谐在线是美国最大的婚恋交友网站之一，由婚恋研究的心理学家尼尔·克拉克·沃伦博士创建，通过性格测试来进行婚恋匹配。

拉克·沃伦博士基于他三十五年的夫妻咨询经验解释说，他发现，在配对的夫妻中，这些维度上的相容性能够代表成功的长期关系。尽管不了解该网站使用的算法细节，我仍毫不惊讶，双方的匹配仅仅是基于相关的个人价值观，本质上匹配的是对这些人来说重要的事情和产生的行为。不久前，和谐在线还在美国消费者新闻与商业频道上宣布，它将成立一个新部门——职业晋升部门——专门负责为潜在员工和潜在雇主配对。再说一遍，尽管我对匹配方法一无所知，但知道它的核心在于个人价值观的匹配也就不足为奇了。当员工们相信他们的个人价值在他们所效力的公司中得到体现，并且他们周围都是志同道合的同事时，他们就会感到极大的成就感和满足感，并充分投入到工作中。

相反，如果组织的价值观表达得很模糊，或者更糟的是，不存在组织价值观，并且组织的文化很弱，那么当不同的人加入其中时，他们就会改变它。权力结构的存在必然是短暂的，人们将与那些他们认为最有可能长期生存下去的人结盟，或者与那些他们认为最有可能帮助自己渡过困境的人结盟。

平衡竞争与合作是企业和国家面临的另一个巨大挑战。在以业绩为基础的企业或以业绩为基础的经济中，竞争是必要的。资本主义是某种精英主义。如果一个公司在不知不觉中变得竞争非常激烈，或者对个人业绩过于关注，那么它的员工就会相互竞争；公司环境将会变得不健康，比如出现自相残杀，或者各人自扫门前雪的态度。员工将在生存模式下工作，公司既不会得到他们最好的结果，也不会得到最明智的结果。如果员工认为竞争非常有意义，那么不惜一切代价赢得胜利的心态将占上风。

看看大众汽车集团[①]最近遇到的与排放相关的丑闻吧。在一种“非赢即死”的文化中，员工为了生存会不惜一切代价。然后，组织就变得孤立无援，每个员工、部门、站点、地区、市场、部门、产品线等，都在做最有利于自己的事情，而没有人在做对所有人来说都是最好的事情。在我们的国家，竞争表现为一种“我们反对他们”的心态——富人和穷人都有——富人觉得自己完全有资格得到，而穷人则会怨恨，而且感到自己处于劣势。相反，如果公司倾向于完全合作，那么这些公司就会受到群体思维的影响——疏远任何敢于挑战现状的人——并永远陷入“我们一直都是这样做的”的哲学中。无论对企业还是国家来说，适当的激励都是必要的。这证明这句格言“如果你没有得到你想要的行为，这说明你的薪酬计划不正确”是恰当的。

我们的整个经济都是围绕着个体的利益来设计的。流行的经济学理论认为，理性的人以一种寻求个体效用最大化的方式行事。也就是说，我们认为人们会以一种对他们自己有益的方式行事，甚至是自私的方式。现在，在现实中，这很可能会延伸到他们的家庭，他们的公司，他们认同的任何群体，但他们仍然是自私的。

正是我们的这种天性使得问题——比如超级难搞的问

① 大众汽车集团是一家以汽车和金融为核心业务的公司，总部位于德国沃尔夫斯堡，创始人为费迪南德·保时捷。

题——变得如此棘手。“超级难搞的问题”一词最初是用来描述全球变暖的。这个词是想说明，我们都想解决全球变暖问题，但通过我们的行为，即使是那些想解决问题的人同时也会使全球变暖问题加剧。参与制造问题的动机大于解决问题的回报。这个问题的解决方案可能在五十年或一百年后才会出现，它可能不会为理性参与者提供足够的效用来改变他们今天的行为。受益者，也就是未来的几代人，也没有能力吸引或影响现在的人的行为。关心当前生存的人对他们的后代未来的利益没有兴趣，也对他们自己的利益没有兴趣。他们当前生存的需要阻止了他们长期的想法。

超级难搞的问题的弱点在于，参与者无法停止参与其中。这种参与在很大程度上是由情绪和反应驱动的。听听任何关于全球变暖的辩论就知道了。这不会是一场关于哪种解决方案最有可能解决问题的民间对话。这将是一场激烈的争吵，双方甚至会争论这个问题是否存在。它将关注成本，或者更准确地说，谁来支付成本，这些法规对任何发展中国家来说都不公平，而且这些法规阻碍了发展中国家的发展。每一方都在捍卫自己的立场，如有必要可能至死不渝。双方的对话都带有强烈的情绪——两极分化的情绪，这是超级难搞的问题生存策略的标志——理性的对话是不可能的。相反，人们讨论的重点会是例如反驳论点、推进议程等，这让问题本身无法得到解决。

但在冲突方面，超级难搞的问题遇到了对手。你可能会问，为什么？因为，在管理冲突的情况下，激励机制完全正确地产生了个人和集体的行为，以击败超级难搞的问题，将它分成更小的干扰或麻烦。为了管理冲突，人们必须停止参与冲突。通过停止参与冲突，人往往会成为最好的自己，产生更明智的结果，享受更平和的生活。我无法想象有人会选择与过去的我交往，而不是与全新的我交往，因为那既危险又愚蠢。因此，选择停止参与冲突是为了保持个人效用最大化。停止参与冲突对一个人最有利。停止参与的动机要大于使其持续下去的动机。因此，他自身及与他互动的人之间的冲突将大大减少。同样，对于任何其他学会停止参与冲突的人来说也是如此。如果足够多的人停止参与冲突，冲突将成为濒危物种。人们将更容易看到那些场景的本质——只是需要解决的问题而已。

我一生中的大部分时间都在用武力对付一切——以武力对付武力，并且用武力对付非武力——当冲突存在时，对付冲突；当冲突不存在时，制造冲突。结果好坏参半。我要么输掉了对抗，要么因为我以对方为代价赢得了对抗。与此同时，我滋生了怨恨，暂时克制或隐藏了敌意，成为孜孜不倦和耐心的破坏者，以及心甘情愿的同谋者。但我从未得到的，是最明智的结果。当一个人的精力和脑力集中在解决问题上时，就会产生最明智的结果。在某种情况下做出反应最不幸和最具毁灭性的结果是，问题依然存在。它仍然存在，它比那些充满激情的征服者活得更长，更灵活，更有思想。唯一能够抵抗它的是抑制思想的情绪。情绪使所有的反应无效，就像试图用锤子解魔方一样。

我没有任何博士学位。我不是掌握深奥或晦涩方法的大师或古鲁[1]。我进行冥想不是为了与集体无意识发生关联，也不是为了遵循任何精神指引的教导，我只是在深层次上理解了冲突。我理解它，因为我亲身经历过；我曾经就是冲突。我花了四十六年的时间才明白，我的生命中冲突的根源在于我自己，我是超级难搞的问题的一部分——在解决问题的同时引发问题，被我的情绪所控制，不会成为最好的自己，很少产生最好的结果，从来没有产生最明智的结果。

但事实是，必须产生最明智的结果。世界上有 70 多亿人口，190 多个国家，7000 多种语言，近 30 种不同的宗教及 100 多万教徒。一个群体有意或无意冒犯另一个群体的价值观，或者一个人有意或无意冒犯另一个人价值观的概率是绝对确定的。如果概率范围是 0 到 1 的话，那么这个概率就是 1。一个人的价值观肯定会受到冒犯。在某些情况下，这很容易发生，这取决于所涉及的个人或团体。被冒犯的一方会变得情绪化，情绪为他们提供必要的能量来采取行动，或者在冲突的情况下，做出反应。他们会产生情绪能量，因为他们不希望情况变成这样，他们希望在某些方面有所改变。他们觉得当前的世界、当下的场景并不是他们想要的。对他们来说，必须改变冒犯他们的行为。与此同时，他们将完全无视自己对于当前局面的参与，将蔑视或羞愧的感觉强加给他们自认为冒犯自己的人——这种观点是完全带有偏见的和短视的，拥有这种世界观的人只有他们自己。

---

① 古鲁，指印度教等宗教的宗师或领袖。

在那一刻，我们要么继续一连串的反应，要么保持纯粹的思想，以解决方案为导向，追求最明智的结果。要做到这一点，就要承认所有人类行为都是个人价值观的体现，并认识到，当有人觉得自己的某个个人价值观被冒犯了，或者觉得别人把他们的个人价值观强加于自己时，就会产生冲突。要承认我们有时会在别人身上制造出我们不想要的行为。了解那些容易触犯我们个人价值观的具体情况，以便预测它们、管理它们，并主动避免它们。承认当我们的个人价值观受到冒犯时，我们会变得情绪激动，全副武装，随时准备采取行动，或者更恰当地说，会做出反应。当我们做出反应时，我们不是最好的自己，也不会产生最好的结果，我们无法理性思考，这是由于情绪劫持导致思维停滞。我们根据自己的默认反应方式，创造出赢家和输家。我们要将别人的行为看成是他们尊重自己价值观的表现，这是消除这种行为所带来的被冒犯感的关键，然后把这种反应转化为回应，将消极的互动转变为积极的互动。不仅要从这一次的互动中消除冲突，还要从每一次互动中完全消除冲突。

这个星球上有丰富的智力资源。例如，X 大奖赛[①]利用参赛者的思想和能量来解决一些世界上最困难的挑战。诺贝尔奖也是如此。我希望看到以我们的首要冲突为主题的新世界机构。

---

① （XPrize 未找到官方译名，故自译）X 大奖赛基金会是一家教育性非营利奖金机构，成立于 1995 年。创始人兼主席是皮特·迪亚曼提斯。X 大奖赛通过激励式竞赛，激发世界各地的个人、公司和组织机构解决目前限制人类进步的重大问题，包括医疗、能源、生命科学等领域。

让我们试着去解决富人与穷人、白人与黑人、西班牙裔与亚裔之间的矛盾，但是我们需要用理性去解决，而不是用情绪去解决。做最好的自己，只追求最明智的结果。

当我直接同那些与冲突做斗争的人打交道时，我经常请他们就困扰我们的问题给我一些建议，以不同的方式进行解决，这样能够使他们冷静地看待问题，保持以解决方案为导向的纯粹的思想。如果要以这种方式解决目前人类社会所面临的问题，那我可能会这么做：让我们穿越到一千年以后。我现在是一名行星教练。我受雇于一个星球的领导团队，帮助解决他们在不断发展的文明中所面临的一些问题。

“嘿，伙计们，”我可能会这样开始，“我今天需要你们的帮助。我需要处理银河系中另一颗行星上的问题。在这个星球上，不同的民族之间相互斗争，这些民族居住在这个星球的不同地区，说着不同的语言，遵循着不同的习俗，是不同国家的成员，有着不同的意识形态、不同的经济结构，他们正在为了不同的信仰而发生冲突。你们有没有什么建议，让我带回给这个星球的领导团队，帮助他们解决这个问题呢？”

经过一些非常认真的考虑，我敢打赌，最重要的建议绝对不会是让每个团体都尽可能地建设最强大的军队；从与该团体思想相去最远的团体开始，找到并瞄准所有对立团体的成员；如果不能在当地充分消除这种威胁，就使用大规模毁灭性武器，以最快的速度尽可能多地摧毁对方的成员。为什么？因为，在所有的尸体被埋，大火被扑灭，建筑物被重建，协议被签署，经济得到恢复之后，问题仍然没有得到解决。只不过参与下次战斗的人变少了一些而已。

现在，我可以想象这是在激烈的争论中提出的一个建议，而人们在情绪上是两极化的，会在冲突中做出反应。但是，如果这不是发生在他们身上的事，而是在其他地方，发生在其他人身上的事，他们就不会投入情绪。这就是为什么我会这样说：“我今天需要你们的帮助。我需要处理银河系中另一颗行星上的问题。在这个星球上，不同的民族之间相互斗争，这些民族居住在这个星球的不同地区，说着不同的语言，遵循着不同的宗教习俗，是不同国家的成员，有着不同的意识形态、不同的经济结构，他们正在为了不同的信仰而发生冲突。”

所以，现在到你了……你有没有什么建议，让我带回给这个星球的领导团队，帮助他们解决这个问题呢？”

后 记

2016年5月11日，我收到了姑妈的邮件。和往常一样，在邮件的开始她询问了我儿子的情况，然后告诉我，一位来自苏格兰的女士联系了她，说自己是我同父异母的妹妹。我得说我不得不把这封电子邮件看了好几遍，才把这条消息弄明白。我姑姑在电子邮件中说，这个女人提到，她的母亲嫁给了我父亲，他们住在印第安纳波利斯南部的某个地方。她还提到，在她小的时候，祖母为她做裙子的事情。我姑姑说，那个女人表示有兴趣和我联系，但是没有我事先的同意，我姑姑不会提供我的联系方式。相反，她把那个女人的联系方式转发给了我，说她觉得那个女人"需要找到家人"。

我冷静了几个小时，不知道该如何回应。那天晚上晚些时候，我给那位女士写了一封信。我说，我在1992年也联系过我的姑姑，这最终让我见到了我的父亲。我解释说，起初我和他重新建立了联系，但自2003年以来我就没有再跟他联系过了。我说，我对这条信息感到惊讶，但对当时的情况并不感到惊讶。毕竟，这就是我的人生（见下文）：

今天下午晚些时候，我收到我的（我们的）姑姑的一封电子邮件。我必须说，这个消息使我感到意外，但从我人生的大环境来看，我并不意外。

1992 年，我也联系了她……为了寻找我的父亲。我父母在我 1 岁的时候分开了。我长大后第一次见到父亲是在我 27 岁的时候。

我希望，我们之间的故事会有一个快乐的结局。他一开始确实尝试过，但随着时间的推移，很明显他不想和我或他的孙子有太多的关系。自从 2003 年以来我就没和他说过话。

他还有一个孩子。我们从没联系过。

今年 2 月是我 51 岁的生日。下面这张照片是我护照上的照片。

如果你愿意，我很乐意和你聊聊。

我写这封信的语气太过平静，我还担心我的情绪不够饱满，但我不想描绘一幅快乐的画面……它本来就不是一个快乐的场景。

2016 年 5 月 14 日，这位女士给我回信。她解释说，她母亲和我父亲从未结过婚。她说她小时候经常被别人叫作“私生子”。我读到这一称呼时感到心碎。至少，我在这个家族中的身份从未受到过质疑。我是第四个理查德，我的中间名是我父亲的叔叔的名字，他是我在印第安纳大学医学中心出生时的妇产科医生。我是长子，也是独生子。我母亲是我父亲的第一任妻子。一想到有人不被这个家族承认，我就热泪盈眶，重新点燃了我生命中大部分时间都有的愤怒之情。

我想到我父亲不仅抛弃了一个孩子，现在又抛弃了一个。两个！第一次可能是个错误，因为他太过年轻，在心智还没有完全成熟的时候就做了爸爸，我可以想象他觉得自己受到了束缚。但是第二次呢？一次就已经不可原谅了……还两次？简直是罄竹难书。

当她告诉我她的年龄时，曾经那些零碎的信息开始串联起来。她说她今年 7 月就 49 岁了。这意味着她出生于 1967 年，比我妻子早一个月。然后我计算了一下怀孕的日子，大概是在 1966 年 10 月。1966 年 2 月，我在印第安纳波利斯度过了我的第 1 个生日。之后的记忆就变得模糊了。在我 1 岁和 2 岁之间的某个时候，母亲把我带回了罗得岛州。我 1 岁生日之后的 8 个月内，她的母亲就怀孕了。考虑到她提到，她记得在她 2 岁左右 (1969 年) 与母亲和父亲住在英格兰利物浦时的情景，似乎可以合理地推断父亲是有了一段婚外情，然后才有了她的出生。这个时间点可能意味着我父亲和她母亲之间的风流韵事正是导致我母亲离开他，带我回到罗得岛的原因。

不幸的是，我无法向我的母亲询问事情的发展……她 2001 年就去世了。我姑姑说我父亲“不愿透露”有关这一情况的信息。这不奇怪。他只是决定，为了自己的利益，有些事情他不愿意记住，因此对他来说，这些事情从来没有发生过。生活必须是轻松的，而不是像大多数人那样让自己承担责任。我想任何一种行为对他来说都是可以接受的，只要他决定不去承担任何后果。

这位女士在邮件里说，她不相信家族里没有任何人在找她。我理解，因为也没有人找我。她说，随着年龄的增长，她已经学会了应对这种情况，但她不确定自己年轻时是否能应对“严酷的现实”。我知道我当时无法应付，我现在也几乎应付不过来。但与我不同的是，她一生中大部分时间都没有惩罚自己和周围的人。对她来说，愤怒是平静的。

在军队里，我学会了苦难铸就人生。正是这种共同的生活经历创造了之前不存在的，或许将来也不会存在的亲属关系。我和那位联系我的女士分享着地球上其他人都没有的生活经历，我们都被同一个男人抛弃了。

在同她第一次联系之后的几个星期里，她和我妻子互发了许多电子邮件，还有一些表示友谊的小礼物。我们的礼物是从加州大学洛杉矶分校寄出的，我儿子目前在那里上学，她的礼物是从苏格兰因弗内斯寄出的。也许有一天，我们会开始拼凑五十多年前发生的细节，我们共同经历的细节，那些细节最终给了我创作这本书的动力。

附 录

——处世哲学——

· 生活不易；

· 其他人都很差劲；

· 还不足够；

· 事情无法改变；

· 我无法突破；

· 我不够优秀。

——行为表现——

· 对别人抱有最坏的期望；

· 不轻易信任别人；

· 更喜欢竞争，而不是合作；

· 永远保持警惕；

· 怀疑别人有不可告人的目的；

· 只会做对自己最有利的事。

花点时间来思考一下你所认为的处世哲学。它们是什么？写出一个列表。尽可能多地列举。接下来，运用行为学术语解释你的行为是如何与这些信念保持一致的。它们是健康和积极的，还是消极的？他们是在为你服务，还是你在被它们控制？它是否描述了一个你想在其中生活的世界？你希望你的世界做出怎样的改变？你在做出哪些努力？

——冲突如何给我的生活造成负面影响——

· 感觉我陷入了无休止的争吵；
· 吃力不讨好的工作；
· 吃力不讨好的生活；
· 破裂的关系；
· 以牺牲他人为代价获得成功；
· 失业，收入减少；
· 失去职业自信；
· 怀疑自己是否有能力继续养家糊口；
· 妻子和儿子害怕我。

在整本书中，我会定期要求你们完成一些练习。第一个是进行自我评估，就像我做的那样，去理解冲突是如何消极地影响你的生活的。拿一支笔和一个平板电脑，花几分钟，列出一个清单。保持诚实。改变是提高对自我和对他人意识的结果。这是提高自我意识的第一步。

——声明个人价值观——

假装你要向一个陌生人描述自己。你要让对方知道你想让他知道的所有关于你的事情。可以用六个、八个或十个关键词来描述。这些词是什么？

- 成功
- 热情
- 值得信赖
- 勤奋
- 慷慨
- 无私
- 有能力
- 关心
- 体贴
- 积极

请花点时间，拿起一支笔和一个平板电脑，思考一下这个问题："假装你在向一个陌生人描述自己，你想让那个陌生人知道你想让他知道的关于你的一切。用六个、八个或十个关键词来描述。这些关键词是什么？"

——危机状况——

告诉我能够让你暴露出最糟糕的一面，将你变成你不想成为，但却不得不成为的那种人的场景。

——如果有不止一种场景，试着把注意力集中在最激烈或最频繁的场景上。

——试着回到当下，感受当时的氛围与周围的声音——完全回到当时的场景中。

场景，比如：当我独自一个人待着的时候，给别人打电话的时候，同事一言不发地丢下一堆烂摊子给我的时候，以及结账柜台只有两个人的时候。

请花点时间，拿起一支笔和一个平板电脑，思考一下这个问题：“告诉我能够让你暴露出最糟糕的一面，将你变成你不想成为，但却不得不成为的那种人的场景。”如果有不止一种场景，试着把注意力集中在最激烈或最频繁的场景上。试着回到当下，感受当时的氛围与周围的声音——完全回到当时的场景中。

关于作者

我从来没有想过我会有这些思考和感受，或者写下这些文字，但是我发现自己对当时的环境和愤怒心存感激。这两者的结合支撑着我的一生。没有这些，我就不会成为今天的我。经过这么多年，我很幸运，也很感激自己终于找到并克服了冲突的根源。通过了解冲突，我现在能够真正地珍惜和享受平和。

我很想听听你与冲突做斗争的经历。欢迎分享你的经验、意见或问题 :rwburke@coachingconflict.com

关于出版商

斯帕克出版社是一家独立的混合出版公司，专注于将传统出版模式的精华与新型和创新的策略相结合。我们提供高质量、有趣和吸引人的内容，以提高读者的生活质量。我们很自豪地向市场推出了一份《纽约时报》畅销书、获奖作品和处女作作家的名单，这些作家代表的流派十分广泛。在与作家们合作的过程中，我们以创造性和结果导向的成功在业界建立了良好的声誉。斯帕克出版社隶属于布克斯帕克斯印记事业部，为斯帕克波因特工作室有限责任公司的部门。

更多信息请访问 GoSpark Press.com